本书获得山东省自然科学基金项目"低碳试点城市分类评价背景下典型城市碳强度和总量控制目标区域分解优化模型研究"（编号：ZR2019BG003）、教育部人文社会科学研究青年基金项目"煤电落后产能重塑背景下煤炭依赖型区域电力结构优化调整研究"（编号：18YJCZH193）资助

REGIONAL ENERGY SYSTEM OPTIMIZATION AND MANAGEMENT
—— RESEARCH BASED ON THE ADJUSTMENT OF SUPPLY AND DEMAND

区域能源系统优化管理
——基于供需调整背景的研究

武传宝 ◎ 著

U0350591

经济管理出版社
ECONOMY & MANAGEMENT PUBLISHING HOUSE

图书在版编目（CIP）数据

区域能源系统优化管理——基于供需调整背景的研究/武传宝著. —北京：经济管理出版社，2019.7

ISBN 978 - 7 - 5096 - 6787 - 3

Ⅰ. ①区…　Ⅱ. ①武…　Ⅲ. ①能源管理—研究　Ⅳ. ①TK018

中国版本图书馆 CIP 数据核字（2019）第 154219 号

组稿编辑：杜　菲
责任编辑：杜　菲
责任印制：黄章平
责任校对：董杉珊

出版发行：经济管理出版社
　　　　　（北京市海淀区北蜂窝 8 号中雅大厦 A 座 11 层　100038）
网　　址：www. E - mp. com. cn
电　　话：（010）51915602
印　　刷：北京玺诚印务有限公司
经　　销：新华书店
开　　本：720mm×1000mm/16
印　　张：11. 75
字　　数：190 千字
版　　次：2019 年 7 月第 1 版　　2019 年 7 月第 1 次印刷
书　　号：ISBN 978 - 7 - 5096 - 6787 - 3
定　　价：78. 00 元

前　言

　　区域社会经济发展需要持续不断的能源供应作为支撑和保障。在能源供需失衡、产业结构畸形、环境污染日趋严重、新能源产能过剩等众多因素的影响下，如何缓解经济发展与环境保护之间的矛盾，优化区域能源供应和消费结构，最终实现可持续发展是区域决策者面临的一道难题。能源系统规划是能源管理工作的重中之重，事关能源产业的发展和生产布局，也是社会经济能否实现低碳、可持续发展的关键所在。因此，如何科学地进行能源系统规划以获得行之有效的规划管理方案是决策者的管理工作面临的严峻挑战。此外，我国政府已经承诺，2020 年单位 GDP 碳排放强度要比 2005 年下降 40% ~ 45%。为了实现这一目标并加速推动我国低碳经济发展，国家发展改革委启动了国家低碳省份和低碳城市试点工作。而准确地预测区域碳排放峰值及其达峰时间有助于把握区域温室气体排放现状和趋势，是探索低碳发展之路的重要基础，也是优化能源结构的主要推动力。

　　然而，由于区域能源系统是一个涉及面极广的复杂巨系统，其碳排放量预测受人口总量、经济发展速度、技术进步、产业结构变化等多种驱动因子的影响，而其规划和管理受能源的进出口、生产、转换、运输、储存、消费等复杂过程以及能源资源可利用量、能源价格、加工转换效率、政府政策引导、产业结构和能源结构等多种因素的影响，加上众多局部子系统之间以及能源系统与外部系统之间的交互作用，充斥着多重复杂性和不确定性。但是，受限于我国不成熟的统计制度和不健全的统计体系，能源、环境和经济数据常常存在不同程度的缺失，加上我国能源系统的实际情况，导致传统的预测模型、规划模型和单一的优化方法在解决实际问题上存在一定的缺陷和不足之处。因此，迫切需要对现有预测模型进行扩展，对多种优化方法进行耦合，从而实现区域能源系统的科学管理。

本书以此为背景，基于区域能源供需新形势和多尺度能源系统的复杂性及不确定性辨识，通过对现有预测模型进行扩展以及对多种优化方法进行耦合，分别构建了区域碳排放峰值预测模型和多尺度能源系统优化模型，以期为区域低碳发展和能源结构优化调整提供理论参考和技术支持。

本书的具体内容主要包括以下四个方面：①基于区间多阶段随机机会约束规划方法构建生物质—生活垃圾联合供电模型以帮助决策者识别不确定条件下的最优供电策略，为生物质—生活垃圾发电厂的管理提供有效的决策支持；②基于区间固定组合模糊—随机规划方法构建风电供热系统供热管理规划模型以帮助决策者识别不确定条件下的最优供热策略，并进一步探究风电供热项目在提高风电消纳和降低弃风率方面的可行性；③基于STIRPAT的扩展模型构建青岛市碳排放峰值预测模型以获得多种碳排放情景下青岛市的碳排放峰值及相应的达峰时间，为青岛市建立碳排放峰值管理框架提供理论基础；④基于碳排放峰值预测结果和区间多阶段随机混合整数规划方法构建青岛市能源系统优化模型以帮助决策者获得不确定条件下较为经济的能源系统管理方案，为青岛市能源系统中长期规划提供决策参考。

本书针对具体案例开展研究，相应结果可以为探索能源替代背景下的可再生能源联合供电、促进风电消纳政策下的风电供热以及碳排放倒逼效应下的区域能源结构优化和调整等实际问题的解决方案提供一定的参考和借鉴。

由于笔者水平有限、编写时间仓促，书中错误和不足之处在所难免，恳请广大读者批评指正。

目　录

一、研究背景

能源作为保障经济和社会发展的基础条件，其生产供给直接关系着一个国家的发展。随着经济全球化进程的加快，世界各国对能源的需求与日俱增。我国在未来很长一段时间内会处于加速实现工业化的阶段，能源资源需求将继续保持强劲增长，能源严重短缺已成为不争的事实。同时，与能源高消耗密切相关的气候变暖和各种环境污染问题却日趋严重。我国政府曾经承诺，2020 年中国单位 GDP 二氧化碳排放要比 2005 年下降 40%～45%。在全世界倡导"节能减排""低碳发展"和"可持续发展"的背景下，能源、经济、环境三者之间的突出矛盾给我国的能源安全和生态安全带来了严峻挑战。

事实上，我国正处于国民经济快速发展的时期，对能源的需求量也在持续扩大。"十二五"期间，我国的一次能源消费总量年均增长 3.6%（环境保护部，2016）。以 2015 年为例，全国一次能源消费总量约为 43.0亿吨标准煤，同比增长约 0.9%；相对于 2014 年，原油、天然气和电力的消费量分别增长了 5.6%、3.3% 和 0.5%（国家统计局，2016）。经济的快速发展依赖于能源资源的大量消耗，但随之而来的能源总量供给不足又进一步制约着我国经济的发展。据国家能源局统计，2015 年全国能源生产总量约为 35.8 亿吨标准煤，同比下降 0.5%；能源进口量约为 7.0 亿吨标准煤，其中石油进口 3.3 亿吨，天然气进口 600 亿立方米。截至 2015 年底，我国石油和天然气的对外依存度分别突破了 60% 和 30%，达到了 60.6% 和 32.7%。

我国的经济增长是以粗放式增长为主，在能源投入和利用方面仍存在着非常严重的问题。尤其是在"十一五"期间，中国的经济增长模式出现了过度的工业化和重工业化的逆转形式。工业发展模式形成了"资源密集、能源密集、资本密集、污染密集"的局面。由此可以预见，按照我国当前能源消费结构和经济结构，要维持未来我国经济的高速增长，必须依靠能源的大量投入。长此以往，我国的能源供需失衡问题必然会进一步加剧，进而导致我国的经济增长更加依赖于能源进口，最终使我国的能源安全面临严重的威胁。此外，在我国的能源消费结构中，煤炭占到了 60% 以上，而新能源，包括太阳能、风能、生物质能、核能等比例都相对较低，能源消费结构严重畸形。同时，以煤为主的化石燃料的大量消耗增加了 SO_2、NO_x、PM 等污染物及 CO_2 的排放，由此导致的环境污染和气候变暖等问题，也使我国的生态环境面临着巨大压力。在举国寻找治理污染特别是治理雾霾突破口的关键时期，发展清洁的替代能源，推动我国能源结构的优化调整，对大气污染防治具有至关重要的作用。

能源替代是以新能源替代传统能源、以可再生能源替代不可再生能源的能源管理战略。新能源又称非常规能源，种类主要有太阳能、风能、生物质能、核能、地热能和潮汐能等。与传统能源相比，新能源的最大优势是资源储量巨大。由于我国是世界第一大碳排放国、第二大能源消费国、第三大石油进口国，发展新能源具有保障能源安全、增加能源供应、减轻环境污染等多重意义。"十二五"期间，我国发电装机容量净增约 5 亿千瓦。其中风电、光伏发电新增超 1.1 亿千瓦、水电新增 1 亿千瓦、核电新增 1400 万千瓦。截至 2015 年底，我国并网风电装机容量达 13075 万千瓦，"十二五"期间年均增长 34.6%，已连续 4 年居世界第一；全国并网太阳能发电装机容量 4218 万千瓦，是 2010 年的 165 倍，已超越德国跃居世界第一。

但是，在新能源开发利用急剧升温的同时，产能过剩问题却困扰着新能源产业，这在风电产业表现得尤为明显。由于风电本身特有的间歇性、波动性特点，加之风电本地消纳空间有限、部分地区电力外送能力不足、系统调峰困难导致风机运行受阻、促进风电消纳的市场和各类电源协调运行机制尚不健全等诸多因素导致我国局部地区弃风限电现象异常严重。以 2015 年为例，全国弃风电量达 339 亿千瓦时，弃风率约为 15%，而弃风电量对应电费损失约为 183 亿元，折合 1088 万吨标准煤。弃风限电已成为影响我国风电产业健康发展的主要因素，而弃风电量屡创新高暴露的是我国能源系统规划管理的问题。

为探索适合我国国情的低碳发展之路，进一步提高我国能源系统综合管理水平以应对日益增长的环境污染压力，最终实现社会经济与资源环境的协调发展，相关领域的研究人员针对碳排放影响因素分析、碳排放量预测、碳峰值管理框架搭建、新能源替代、区域能源结构调整、能源系统与环境的互动关系和交互机理解析以及多尺度能源系统规划管理等方面开展了大量研究，取得了显著的研究成果。然而，我国针对能源系统的研究起步较晚，相关研究方法和理论相对比较落后。此外，受限于我国不成熟的统计制度和不健全的统计体系，能源以及与之相关的环境和经济数据常常存在不同程度的缺失。在区域能源系统的相关研究中，如果仅仅是将国外成熟的预测和规划模型进行简单套用而不考虑我国能源系统的实际情况，那么由此得到的研究结果的参考价值将大打折扣。不仅如此，区域能源系统涵盖能源的进口和出口、生产、转换、运输、储存、消费等复杂过程，同时受到能源资源可利用量、能源价格、加工转换效率、政府政策引导、产业结构和能源结构等多种因素的影响，加上众多局部子系统之间以及能源系统与外部系统之间的交互作用，导致其规划与管理工作充斥着多重复杂性和不确定性。因此，基于区域能源供需新形势，综合考虑 SO_2、NO_x、PM 等污染物及 CO_2 排放对能源系统的影响，耦合多种优化方法以弥补单一优化方法的缺陷及不足之处并充分反映和有效处理上述复杂性及不确定性，进而构建多尺度能源系统优化模型，为区域低碳发展和能源结构优化调整提供理论参考和技术支持，是实现区域能源系统科学管理的有效途径。

二、研究意义

针对区域社会经济发展过程中面临的能源供需失衡、产业结构畸形、节能减排压力陡增、环境污染日趋严重、新能源产能过剩等复杂形势和多重压力，如何缓解经济发展与环境保护之间的矛盾，优化区域能源供应和消费结构，最终实现区域低碳、可持续发展是决策者面临的首要问题。本书基于多尺度能源系统的复杂性和不确定性辨识，综合分析了区域能源系统与经济、环境等外部系统的互动关系，梳理出影响区域低碳发展的主要因子，通过对现有预测模型进行扩展和对多种优化方法进行耦合，分别构建了区域碳排放峰值预测模型和多尺度能源系统规划模型，为探索能源替代背景下的可再生能源联合供电、促进风电就地消纳政策下的风电供热以及碳排放倒逼效应下的区域能源结构优化和调整等问题的解决方案提供一定的参考和借鉴。

基于区间多阶段随机机会约束规划方法，构建了能源替代背景下的生物质—生活垃圾联合供电模型，研究得到的生物质和生活垃圾发电机组发电、生物质储存等规划方案不仅可以帮助决策者识别不确定条件下的发电厂最优供电策略，而且可以为生物质资源丰富地区探索可再生能源利用新模式提供借鉴。

基于区间固定组合模糊—随机规划方法，构建了促进风电就地消纳政策下的风电供热系统供热管理规划模型，研究产出的风电机组发电、蓄热水罐蓄热等规划方案可以帮助决策者识别不确定条件下的最优供热策略；探究了实际的风电供热项目在提高风电就地消纳率、降低弃风率方面的可行性，为我国风能资源丰富地区开展风电供热试点提供参考。

通过对 STIRPAT 模型进行扩展，构建了青岛市碳排放峰值预测模型，基于情景分析方法得到了多种碳排放情景下青岛市的碳排放峰值及相应的达峰时间，为青岛市建立碳排放峰值管理框架、设定合理的社会经济发展和碳减排目标提供了理论基础，为其他低碳试点省区市探寻低碳经济背景下适合本地区的低碳发展模式提供了参考，为青岛市开展能源结构优化和调整工作提供了部分基础数据。

参考碳排放峰值预测结果，基于区间多阶段随机混合整数规划方法，构建了碳排放峰值倒逼效应影响下的青岛市能源系统优化模型，模型产出的能源调入、生产和调出方案以及发电、供热等设施的扩容方案可以帮助决策者获得多重不确定条件下较为经济的能源系统管理方案，进而为环境约束（特别是碳排放约束）和能源结构调整背景下的青岛市能源系统中长期规划提供决策支持。

三、研究内容

本书在能源替代的背景下，分析不同时间和空间尺度的能源系统中存在的不确定性和多重复杂性，考虑环境污染约束以及碳排放峰值倒逼效应对能源结构优化、调整的影响，构建碳排放峰值预测模型和一系列不确定性优化模型，并将其应用于生物质—生活垃圾发电厂的供电管理、风电供热系统的供热管理、区域碳排放峰值预测及其能源系统优化管理中，以期获得最优的管理方案，为不确定条件下多尺度的能源系统管理规划提供决策支持。具体的研究内容主要包括：

（一）构建基于区间多阶段随机机会约束规划方法的生物质—生活垃圾联合供电模型

以生物质—生活垃圾发电厂为研究对象，考虑到生物质和生活垃圾可利用量的季节性波动、系统工况的动态变化等不确定性因素以及能源资源的运输/储存、电力生产中的加工/转换、电力供需等复杂过程可能对电厂的运营管理产生不良影响，构建一个区间多阶段随机机会约束规划模型以优化该发电厂的供电过程并帮助决策者识别不确定条件下的最优供电策略，以期为生物质—生活垃圾发电厂的供电管理规划提供有效的决策支持。

（二）构建基于区间固定组合模糊—随机规划方法的风电供热系统供热管理规划模型

在我国风电产业快速发展但同时面临大规模弃风限电的大背景下，针对国家能源局提出的风电供热技术，充分考虑风电供热系统中存在的风速波动、风机出力时刻变化、系统参数的动态变化等不确定性因素以及供热管理过程中涉及的转换/处理、储存/输送以及热力供需等诸多复杂过程，开发一个区间固定组合模糊—随机规划模型以帮助决策者识别不确定条件下的最优供热策略，进而为风电供热系统的供热管理提供决策支持。同时，进一步探究风电供热项目在提高风电就地消纳和降低弃风率方面的可行性和有效性，以期为风电供热项目的合理、健康发展提供参考。

（三）开展基于 STIRPAT 扩展模型的青岛市碳排放峰值预测研究

以青岛市为例，分析其低碳和可持续发展所面临的挑战和压力，构建扩展的 STIRPAT 模型，验证该模型在预测青岛市 CO_2 排放量方面的适用性，获得不同 CO_2 排放情景下青岛市的碳排放峰值及相应的达峰时间，为青岛市建立碳排放峰值管理框架、设定合理的社会经济发展和碳减排目标提供理论基础，帮助决策者制定切实可行的节能减排措施；为其他低碳试点省市探寻低碳经济背景下适合本地区的低碳发展模式提供参考；为后续开展的青岛市能源结构的优化和调整工作提供部分基础数据。

（四）构建基于区间多阶段随机混合整数规划方法的青岛市能源系统优化模型

基于青岛市的碳排放峰值预测结果，构建基于区间多阶段随机混合整数规划方法的能源系统规划模型，在系统成本最小化的条件下，探究碳排放峰值倒逼效应对青岛市的能源调入、生产和调出方案以及发电、供热等设施的扩容方案的影响，帮助决策者获得多重不确定条件下较为经济的能源系统管理方案；考虑到青岛市正面临的低碳发展压力，在青岛市的 CO_2 排放达峰之前，识别能源系统的控制重点以促进能源结构调整；提出能源/经济方面的政策建议供决策者参考，为环境约束（特别是碳排放约束）和能源结构调整背景下的青岛市能源系统规划提供决策支持。

四、研究路线

本书以能源结构优化调整为立足点，针对不同时间和空间尺度的能源系统管理问题，基于不确定性和复杂性解析，重点开展生物质—生活垃圾发电厂供电管理、风电供热系统供热管理、区域碳排放峰值预测、典型城市能源系统优化管理四个方面的研究。本书的技术路线如图 1-1 所示，具体研究思路如下：

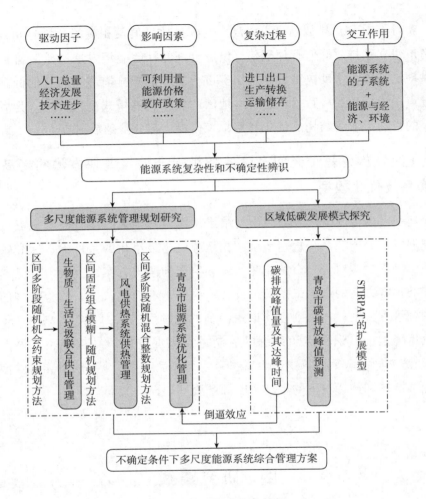

图 1-1　本书的技术路线

（1）针对生物质—生活垃圾联合供电系统中存在的多重复杂性和不确定性，分析生物质资源可利用量、生活垃圾产率的动态变化和随机特征，以系统成本（包含发电资源供应成本、电力生产成本、污染物处理成本等）最小化为目标函数，考虑发电资源可利用量、电力供需、污染物允许排放量等约束条件，基于区间多阶段随机机会约束规划方法构建生物质—生活垃圾联合供电模型，帮助决策者获得最优决策方案。

（2）针对风电供热系统规划和管理过程中面临的风速波动以及终端用户热力需求的动态变化等不确定性因素，以系统收益（风电上网收益、供热收益等）最大化为目标函数，考虑风能资源可利用量、物料平衡、蓄热水罐热平衡等约束条件，基于区间固定组合模糊—随机规划方法构建风电供热系统供热管理规划模型，并将其应用于大唐巴林左旗风电供热示范项目以获得不确定条件下期望的供热管理策略。同时，计算规划期内该系统的风电消纳系数以探究风电供热项目在提高风电就地消纳和降低弃风率方面的可行性和有效性。

（3）分析青岛市的 CO_2 排放量与不同驱动因子（常住人口、经济水平、技术水平、城市化水平、能源消费结构、服务业水平和对外贸易依存度）之间的关系，以此为基础构建扩展的 STIRPAT 模型，基于青岛市的相关历史数据，借助 SPSS 统计软件并引入情景分析方法，获得不同 CO_2 排放情景下青岛市的碳排放峰值及相应的达峰时间，为青岛市最终实现低碳、可持续发展提供决策支持。

（4）分析青岛市能源系统中存在的不确定因子（如经济成本、能源资源可获得性、能源转换效率、设备扩容等）和复杂过程（能源的生产、转换、运输和利用等），以系统成本（包含能源资源供应成本、加工和转换技术的运行成本及其扩容成本、污染物处理成本等）最小化为目标函数，考虑碳排放峰值倒逼效应对青岛市能源结构调整的影响和终端用户对不同能源资源的需求、可再生能源的可利用量、加工和转化技术的扩容方案、大气污染物（SO_2、NO_x 和 PM）的允许排放量等约束条件，基于区间多阶段随机混合整数规划方法构建青岛市能源系统优化模型，为青岛市能源系统规划管理提供决策支持。

五、研究框架

本书以不同时间和空间尺度的能源系统为主要研究对象，辨识其存在的不确定性和多重复杂性，基于扩展的 STIRPAT 模型和一系列不确定性优化方法构建相应的碳排放预测模型和能源系统规划模型，并将其应用于生物质—生活垃圾发电厂的供电管理、风电供热系统的供热管理以及典型城市碳排放峰值预测和能源系统优化管理中，为多尺度的能源系统管理规划提供支持和参考。本书共包括 7 章，具体如图 1 – 2 所示。

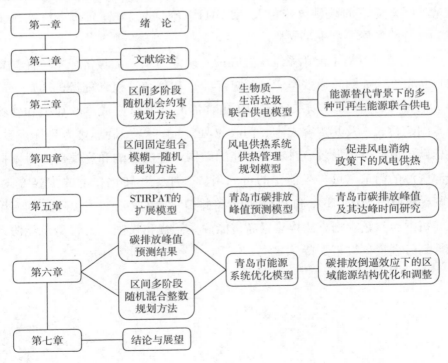

图 1 – 2　本书的研究结构

各章的内容概括如下：

第一章：绪论。阐述研究背景和研究意义，概述主要研究内容和具体研究思路。

第二章：文献综述。综述国内外在区域碳排放峰值预测、能源系统规划模型以及优化方法在能源规划中的应用方面的研究进展，分析并总结当前预测和优化方法在解决实际问题时存在的不足及未来的发展趋势。

第三章：基于区间多阶段随机机会约束规划方法的生物质—生活垃圾发电厂供电管理规划。开发多阶段随机机会约束规划方法，构建不确定条件下生物质—生活垃圾发电厂供电管理规划模型，并将其应用于生物质和生活垃圾的联合供电管理中。

第四章：基于区间固定组合模糊—随机规划方法的风电供热系统供热管理规划。开发区间固定组合模糊—随机规划方法，构建不确定条件下风电供热系统供热管理规划模型，并将其应用于大唐巴林左旗风电供热示范项目的供热管理中。

第五章：基于 STIRPAT 模型的青岛市碳排放峰值预测。基于 IPAT 模型，引入城镇化水平、能源消费结构、服务业水平和对外贸易依存度 4 个变量构建扩展的 STIRPAT 模型，并将其应用于预测不同碳排放情景下青岛市的碳排放峰值及其相应的达峰时间。

第六章：考虑碳排放峰值倒逼效应的青岛市能源系统优化管理研究。基于青岛市碳排放峰值预测结果，开发区间多阶段随机混合整数规划方法，构建不确定条件下青岛市能源系统优化模型，研究碳排放峰值倒逼效应对青岛市能源结构调整的影响。

第七章：结论与展望。系统总结研究的主要成果和创新点，分析研究中遇到的主要问题，指出进一步研究的主要方向。

第二章
文献综述

　　能源与环境问题是当今人类社会面临的巨大挑战。发展低碳经济、提倡节能减排是实现人类社会可持续发展的必由之路。在能源短缺、环境污染和气候变暖的三重压力下，区域产业结构和能源结构如何调整是决策者面临的一道难题。近年来，国内外相关领域的科技工作者针对区域低碳发展以及区域可再生能源开发利用、能源资源供需调整、电力调入/调出等能源活动的管理问题开展了较多研究，取得了一定的研究进展。本章主要从区域碳排放峰值预测、能源系统规划模型以及优化方法在能源规划中的应用3个方面对国内外的相关研究成果进行综述。

一、区域碳排放峰值预测研究进展

　　准确地预测区域碳排放峰值及其达峰时间有助于把握区域温室气体排放现状和趋势，是区域探索低碳发展之路的重要基础，也是区域实现节能减排目标、优化调整能源结构的主要推动力。长期以来，国外学者针对区域碳排放的研究主要集中于探寻碳排放与能源消费、经济增长等多种驱动因子之间的关系方面。例如，Kim 等（2010）以韩国为例，利用 STAR 模

型揭示出 CO_2 排放与经济增长是相互依存的，但两者之间的关系呈非线性不对称动态特征。Alam 等（2011）以印度为研究对象，首次利用一种多元建模的方法探究了能源消费、CO_2 排放与经济增长之间的动态格兰杰因果关系。Hatzigeorgiou 等（2011）基于多元的矢量误差校正模型（VECM），利用约翰森协整检验和格兰杰因果检验对智利 1977 ~ 2007 年 GDP、能源强度和 CO_2 排放之间的因果关系进行了分析；Farhani 等（2014）采用自回归分布滞后（ADL）方法研究了 CO_2 排放、GDP、能源消费和国际贸易之间的动态关系。Begum 等（2015）利用生产函数法探究了马来西亚 1970 ~ 2009 年 GDP 增长、能源消费和人口增长对 CO_2 排放的动态影响；Robalino - López 等（2015）基于委内瑞拉 1980 ~ 2025 年的历史数据，采用 Kaya 恒等式的扩展方法验证了在不增加 CO_2 排放的情况下保持经济快速增长的可能性，并研究了经济增长、CO_2 排放和环境库兹涅茨曲线（EKC）之间的关系。Bouznit 和 Pablo - Romero（2016）在阿尔及利亚 1970 ~ 2010 年历史数据的基础上，考虑能源利用、电力消耗和进出口等因素，分析了 CO_2 排放和经济增长之间的关系，并采用 ADL 模型验证了 EKC 假说的有效性。Halkos 等（2016）以美国 1973 ~ 2013 年的季度资料为基础，利用向量自回归（VAR）方法探究了财政政策对 CO_2 排放的影响。Saidi 和 Mbarek（2016）基于九个发达国家（加拿大、法国、日本、荷兰、西班牙、瑞典、瑞士、英国和美国）1990 ~ 2013 年的面板数据的格兰杰因果关系检验结果，分析了核能消耗、CO_2 排放、可再生能源和人均 GDP 之间的因果关系。Salahuddin 等（2016）在经济合作与发展组织 1991 ~ 2012 年的面板数据的基础上，预估了互联网使用和经济增长对 CO_2 排放的短期和长期影响。Sumabat 等（2016）采用对数平均迪氏指数（LMDI）方法定量分析了燃料燃烧和电力生产等驱动因子的变化对菲律宾 1991 ~ 2014 年 CO_2 排放的影响。Ahmed 等（2017）基于南亚五个国家（印度、巴基斯坦、孟加拉国、斯里兰卡和尼泊尔）1971 ~ 2013 年的时间序列数据，耦合 Pedroni、Kao 和 Johansen - Fisher 三种面板协整检验方法研究了 CO_2 排放与 4 个主要贡献因子（能源消费、收入水平、对外贸易开放

度和常住人口）之间的关系。Bekhet 等（2017）以海湾阿拉伯国家合作委
员会（GCC）1980～2011 年的时间序列数据为基础，利用 ADL 模型探究
了碳排放、金融发展、经济增长和能源消耗之间的动态因果关系。

我国于 2010 年启动第一批国家低碳省份和低碳城市试点工作以来，
国家发展和改革委员会又于 2011 年和 2017 年相继启动了第二、第三批国
家低碳城市试点工作，前后共计约 100 个城市被纳入低碳试点范围，为我
国探索适合不同地区的低碳经济发展模式奠定了坚实的基础。此外，根据
相关要求，编制低碳发展规划、提出碳排放峰值目标是低碳试点城市的重
要任务。因此，探究区域层次的碳排放峰值和达峰时间是近年来国内学者
的研究热点之一。例如，杜强等（2012）假设碳排放量与能源消费成正
比，基于我国 2002～2010 年的碳排放数据，利用改进的 IPAT 模型对我国
2010～2050 年的碳排放进行了预测和分析；席细平等（2014）对江西省
1995～2012 年的时间序列数据进行了回归分析，采用 IPAT 模型预测出江
西省碳排放的峰值年在 2032～2035 年；柴麒敏和徐华清（2015）引入情
景分析方法，基于全球气候变化综合评估（IAMC）模型深入分析了我国
实现碳排放总量控制、达到碳排放峰值的四种路径，并指出"十五五"是
我国碳排放达峰的较好机会。郭建科（2015）以 G7 国家（不包括德国）
为参考对象，基于人均 GDP 构建了碳强度指数模型，通过回归分析和指数
函数模拟预测了我国不同碳强度衰减速率下的碳排放峰值和达峰时间。郭
志玲（2015）以甘肃省为例，基于 Vensim 软件构建了碳排放峰值预测的
系统动力学（SD）模型，同时引入情景分析方法设置了八种不同的情景方
案，利用计算机模拟仿真预测出了不同情景下甘肃省的碳排放峰值及其达
峰时间。杨秀等（2015）以北京市为例，考虑常住人口、GDP、GDP 能耗
强度和能源碳强度等基本参数，采用 KAYA 分解方法，以 2011 年为基准
年测算出北京市可能在 2019 年达到碳排放峰值，峰值量为 1.65 亿吨。周
晟吕等（2015）采用对数平均指数（LMDI）方法分析了影响崇明岛未来
碳排放的主要因素，并利用情景分析方法和 LEAP 模型预测了崇明岛中长
期的能源消费量及相应的碳排放量。冯宗宪和王安静（2016）利用基于投

入产出法的结构分解（IO‑SDA）模型研究了陕西省碳排放的影响因素，并采用情景分析法和蒙特卡洛模拟法预测出陕西省的碳排放峰值大约出现在 2030 年。苑清敏等（2016）以天津市为例，考虑能源结构改善、产业结构优化、碳汇能力增强和低碳技术进步等因素对碳排放的影响，基于 SD 方法构建了碳排放动力学模型，预测出天津市可能在 2028 年达到碳排放峰值。朱宇恩等（2016）基于 IPAT 模型对山西省中长期碳排放峰值进行了预测，并分析了 GDP 增速、可再生能源替代率和节能率对山西省中长期碳排放的影响。

二、能源系统规划模型研究进展

当今世界各国的能源发展面临效率、结构、安全和环境等诸多问题的挑战。能源系统规划是能源管理工作的重中之重，涉及能源的生产、储运和消费全过程，事关能源产业的发展和生产布局，也是社会经济能否实现可持续发展的关键。因此，如何科学地进行能源系统规划以获得行之有效的规划管理方案是摆在决策者面前的一道难题。进入 20 世纪以来，随着科技、经济的迅猛发展，人类创造了巨大的物质财富。但与此同时，能源的过度开发利用也导致了全球性的能源短缺问题。为解决日趋严重的能源危机以及由此引发的环境污染问题，针对不同尺度的能源系统规划与管理，国外学者开发、构建了一系列能源系统规划模型，取得了较为丰硕的研究成果，为能源系统规划管理工作积累了丰富的经验。例如，基于 Fishbone 和 Abilock 于 1981 年提出的多区域"自下而上"能源系统优化 MARKAL 模型，Barreto 和 Kypreos（2004）探讨了排污权交易对多种发电技术的影响。Mitchell 等（2005）以悉尼西部地区为例，考虑一个包含风电、光伏发电、储能设施和备用发电机组的可再生能源系统，模拟并优化了该系统的设计参数。Contaldi 等（2007）基于国际能源署能源技术系统分析项目（IEA/ETSAP）开发的 MARKAL/TIMES 方法构建了意大利能源—环境系统模型，评估了意大利可再生能源供电（RES - E）政策的影响。Rafaj 和 Kypreos（2007）采用 MARKAL 模型分析了电力生产的外部成本（污染物和废弃物处理、事故风险、噪声污染等）可能产生的影响。Vaillancourt 等（2008）利用 World - TIMES 自下而上模型分析了一系列中长期气候变化情景下核能在降低温室气体排放量方面的作用；Cosmi 等（2009）以意大利能源系统为例，基于 NEEDS - TIMES 模型分析了能源供应、温室气体和污染物减排以及能源可供应能力等关键因子在制定能源环境政策、维持能源系统可持续发展方面的作用。Muehlich 和 Hamacher（2009）以乘客数量、货物运输活动、交通运输部门的燃料消耗水平、电力生产结构和温室气体排放等为主要指标，利用 EFDA - TIMES 将上述指标定量化，并以此为基础评估了交通运输部门对能源系统的潜在影响。Wright 等（2010）针对古巴电力行业面临的能源需求增长、燃料价格波动、燃料进口渠道以及新建电厂的融资渠道等不确定因素，基于 MARKAL 模型探究了性价比较高的能源投资策略。Seljom 等（2011）考虑了未来风能、水电资源潜力的改变以及供热、制冷需求的改变可能导致的气候变化，采用 MARKAL 模型评估了 2050 年前其对挪威能源系统的影响。Roini-oti 等（2012）以希腊能源系统为例，考虑经济、环境和能源效率等多种因素，利用 LEAP 模型对能源系统的未来发展进行了多情景分析。Gracceva 和 Zeniewski 等（2013）基于 TIMES 综合评估模型（TIAM）定量评估了全球页岩气的发展潜力，并分析了其可能对全球经济及能源发展产生的影响。Krzemień（2013）阐述了 MARKAL 模型的特点，以其为主要工具对土耳其西里西亚省的热力供应结构进行了优化，并对研究结果做了详细分析。Amorim 等（2014）以葡萄牙电力生产部门为例，利用 TIMES 模型为其 2050 年前的低碳发展路径做了规划。Victor 等（2014）基于 MARKAL 模型分析了页岩气的发展对美国近期及长期能源安全的影响，力求为相关气候政策的制定提供一定的参考以最大限度地保证能源供应安全。Hong 等

（2016）以 LEAP 模型为主要工具研究了韩国针对交通运输部门提出的低碳绿色发展政策的有效性，并分析了该政策对能源和环境可能产生的影响。Jaskólski（2016）以波兰电力系统为研究对象，采用 MARKAL 模型探究了欧盟涉及 CO_2、SO_2 和 NO_x 的排放权交易机制可能对供电结构产生的影响。Emodi 等（2017）基于 LEAP 模型和多情景分析方法探究了2010～2040 年尼日利亚的能源供需以及温室气体排放的变化趋势。Yahoo 和 Othman（2017）考虑碳税和国民经济各部门的碳排放标准，利用 CGE 模型评估了马来西亚的 CO_2 减排政策对经济可能产生的影响。

　　我国的科技工作者在借鉴国际经验的基础上，针对我国的能源状况以及区域能源开发利用和社会经济发展过程中遇到的问题，基于多种能源系统规划模型开展了大量的实例研究，为我国的能源系统规划管理工作做出了卓有成效的贡献。例如，陈文颖等（2004）利用耦合能源、环境和经济三个模块构建了 MARKAL – MACRO 模型，并以此为基础探究了各种碳减排方案对我国能源系统可能产生的影响。高虎等（2004）以湖南省为例，探讨了 LEAP 模型在省级可再生能源规划中的应用，为区域可再生能源的发展提供了很好的借鉴。佟庆等（2004）将 MARKAL 模型引入北京市中长期能源系统规划建设研究中，结合该地区的社会经济发展诉求，对北京市未来的能源系统发展进行了多情景分析。陈荣等（2008）基于 MESSAGE 模型和 MAED 模型提出了一种新颖的可再生能源综合规划方法，将其应用于四川省的可再生能源发展规划和管理中。林晓梅（2009）考虑江苏省能源供需现状，采用 LEAP 模型，结合情景分析方法对江苏省的中长期能源需求量和碳排放进行了预测，并提出了相应的发展对策。梁浩和龙惟定（2010）综合考虑建筑选址、能源需求负荷和能源转换技术等多种因素，将 SynCity 模型应用于上海临港新城，探讨了碳排放量最低时该区域的最佳能源供应模式。高新宇（2011）基于 LEAP 模型和 MESSAGE 模型开发了 LEAP – Beijing 模型，将其用于分析和评价北京地区的可再生能源发展政策，为该地区的新能源发展提供相关政策建议。刘明浩（2014）以节能潜力为切入点，基于能源系统分析方法耦合社会、经济、能源、环境和政策 5 个子系统构建了区域能源系统规划模型，并以北京市为例详细介绍了该模型的应用。王艳艳（2015）基于能源—经济—环境可持续发展决策支持软件（3EDSS）平台，结合 SD 和 GM（1，1）方法构建了 LCES（Low Carbon Energy System）系统决策支持模型，并以京津冀地区为案例研究对象，研究 LCES 模型的适用性。赵文会等（2016）考虑碳税对可再生能源的影响，将能源经济模块引入传统 CGE 模型得到了经济—能源—环境 CGE 模型，并将其应用于分析可再生能源的消费占比随着碳税税率的变化趋势。

三、优化方法在能源规划中的应用研究进展

作为能源规划的一个重要组成部分，能源系统优化是指在能源平衡的前提下，基于对能源系统的综合分析和各能源平衡备选方案的经济效益、社会效益及环境效益的综合评价，对能源结构进行优化配置，确定最佳的能源供应方案（孙冬梅等，2011）。20 世纪 70 年代以来，伴随能源需求预测以及能源规划理论的快速发展，如何获得有效、可靠的能源系统优化方案进而为管理者提供科学的决策参考和理论支持是相关研究人员亟须解决的问题。随着能源规划领域相关研究的逐步深入，以优化方法为基础的优化理论逐渐进入了相关学者的研究视野。其中，以线性规划、多目标规划、动态规划等为代表的确定性优化方法引起了国内外科技工作者的兴趣和关注，在不同时间和空间尺度的能源规划中得到了广泛应用。最近几十年，随着能源系统分析理论的不断发展和完善，国内外相关领域的科技工作者相继提出了一系列不确定性优化方法如区间参数规划、模糊数学规划、随机数学规划等，并将其用于解决能源规划中遇到的各种复杂性和不确定性问题，取得了较为显著的研究成果。

（一）　典型优化方法在能源规划中的应用

1. 一般线性规划方法

作为运筹学中比较重要、成熟的组成部分，线性规划（Linear Programming，LP）在能源系统的优化中应用较为广泛。例如，Joshi 等（1992）针对多能源供应和转换形式下农村能源管理问题，开发了一个简单的线性分散能源规划模型并将其应用于印度典型农村能源管理中。Sinha 和 Dudhani（2003）基于线性规划对不同技术和成本系数下可再生能源的优化配置问题进行了分析。Mavrotas 等（2008）建立了负荷需求不确定情况下建筑区能源规划的 MILP 模型，该模型中引入了热电联产技术，并用雅典某医院的能源规划验证了该模型的可靠性。Morais 等（2010）开发了一个整数线性规划模型，用于对封闭孤立的可再生能源微电网的经济调度问题的探讨，并在布达佩斯理工大学进行了实例验证。针对希腊中部某社区的电力和热力供应问题，Mehleri 等（2012）综合考虑微型热电联产机组、光伏阵列、锅炉和中央电网等技术，利用混合整数线性规划模型对该社区的分布式发电系统和供热管网进行了最优设计。Milan 等（2012）以丹麦的一个净零能耗建筑为案例研究对象，构建了一个线性规划模型以识别该建筑物的可再生能源供应系统的最优装机容量。Omu 等（2013）建立了一个混合整数线性规划（MILP）模型以优化分布式能源系统的设计参数（如技术选择、装机容量、配电网结构等），在满足研究区域内商业楼、居民住宅的电力及热力需求的同时实现该系统年投资和运行成本的最小化。Rueda – Medina 等（2013）利用混合整数线性规划方法对辐射型配电网中分布式发电机组（DGs）的类型、装机容量和分布进行了研究。Koltsaklis 等（2014）以希腊为例，考虑 CO_2 排放量的限制和未来的电力需求，采用混合整数线性规划模型对其发电系统、发电技术的选择、燃料类型及电厂布局等进行了长期规划。Wouters 等（2015）以一个居民区为案例研究对象，针对分布式发电机组和微网的并网问题，基于混合整数线性规划模型对住宅区分布式能源系统的最优设计和规划进行了研究。王林江和邵安

（1994）综合考虑了内蒙古东部地区的煤矿、电厂、煤炭消费中心等的分布情况，建立了混合整数线性能源规划模型，得到了该地区的能源发展方案。张阿玲等（2002）参考发达国家的能源经济模型，综合考虑我国统计体系和数据的现状，基于线性规划方法开发了经济、能源、环境（3E）一体化模型，深入分析了我国温室气体减排的技术选择及其对经济可能产生的影响。王明祥（2012）以分布式能源站的效益最大化为目标函数，基于线性规划方法进行数学建模，对分布式能源站的生产经营方案进行了研究。邱维（2014）以闽江流域三级混联水电系统为案例研究对象，考虑电站启动次数限制、电站启闭最小持续时间和断面流量等因素，构建了一个混合整数线性规划模型，为解决典型水电系统的短期优化调度问题提供了新的思路。任洪波等（2014）以燃料电池、光伏电池和蓄电池为主要供能方式的住宅能源系统为案例研究对象，利用构建的混合整数线性规划模型对该系统的最佳运行策略进行了研究。孙川（2016）重点考虑微型综合能源系统的冷热电联供以及需求侧资源调度，基于混合整数线性规划方法构建了日前调度优化模型，为综合能源系统的发展提供了一定的借鉴。王珺等（2016）以天津市某综合区域为研究对象，考虑各区域的冷热电联供（CCHP）系统及各系统之间的环状热网，构建了一个混合整数线性规划模型，为多区域综合能源系统规划提供了一定的参考。吴琼等（2016）基于混合整数线性规划方法，以年能耗成本最小化为目标，构建了一个分布式能源融通系统优化模型，分析了能源融通系统的节能性和经济性。顾伟等（2017）以热网能量流模型为基础，进一步构建了多区域综合能源系统（IES）混合整数线性规划模型，对含有热网的 IES 运行模式进行了系统研究。吴聪等（2017）以用户侧能源互联网为研究对象，基于典型区域典型日的时序负荷数据，考虑运行维护成本、购电成本、碳税成本等，构建了 0 – 1 混合整数线性规划模型，为用户侧能源互联网规划提供了参考。

2. 多目标规划方法

由于能源规划涉及众多利益相关者，所以在构建优化模型时，决策者需要统筹考虑经济、社会、环境等多方面的利益诉求。多目标规划（Multiple Objective Programming，MOP）是解决多层次、多目标、多准则优化问题的有效方法，在能源系统规划中受到了研究人员的青睐。例如，Singh 等（1996）开发了一个多目标规划模型用于印度普邦村能源管理。Mavrotas 等（1999）针对能源规划中几个冲突的目标，建立了基于 0－1 变量的多目标线性规划模型，将该模型用于希腊地区的电力部门以确定每种能源转换设备的数量和输出。Oliveira 和 Antunes（2004）构建了一个经济—能源—环境多目标规划模型以帮助决策者评估不同的经济活动可能带来的环境压力（如气候变暖、环境酸化等）。Sugihara 等（2004）以日本大阪某区域的能源系统为例，考虑多种替代能源如家用光伏发电、商用燃料电池热电联产等，建立了一个多目标优化模型以降低系统成本、一次能源消耗量和 CO_2 排放量。Celli 等（2005）将电网升级成本、电网损耗成本等纳入考量，建立了一个多目标规划模型以优化配电网中分布式发电的布局和装机容量。Haesen 等（2006）考虑了近年来电力供应侧和需求侧的变化，构建了一个多目标规划模型以解决配电网中分布式能源的并网问题，并分析了不同目标之间可能存在的权衡以获得最优的决策方案。Zou 等（2010）开发了一个多目标分布式能源系统扩容规划模型以探究可再生能源分布式发电机组的不同布局对系统稳定性和投资成本的影响。Ugranl 和 Karatepe（2015）考虑风力发电的间歇特性和负载的波动性，建立了一个多目标输电网扩容规划模型以探究输电网的最优布局从而降低其投资成本。Falke 等（2016）以德国某中等城市的一个区域为例，综合考虑不同的能效措施和供能技术（多种分布式热电机组、储能系统和节能改造措施等），针对分布式热电供应系统的投资规划和运营管理构建了一个多目标优化模型，并分析了不同的能效措施对系统成本和 CO_2 排放量的影响。Wang 等（2016）考虑能源规划对不同尺度能源系统可持续发展的重要作用，以我国的某高科技工业园区为案例研究对象，开发了一个多目标能源规划模型以解决天然气热电联产（NGCCHP）系统中分布式能源的选址问题。曾鸣和盛绪美（1991）参考相关部门对北京市各区及近郊区能源、经济、环境的综合管理意见和规划目标，基于多目标规划理论建立了北京市能源—大气环境系统规划模型，为决策者制定相应的能源环境系统规划方案提供了依据。赵媛等（2001）以资源、社会经济和环境协调发展为优化目标，基于多目标线性规划方法构建了江苏省能源结构优化模型，探讨了江苏省未来能源可持续发展的方案。戴晨翔等（2008）以水火混合电力系统为研究对象，综合考虑火电厂运行成本、水电厂发电效益以及相关环境保护要求，构建了一个多目标发电计划优化模型，为决策者提供了最佳的系统管理方案。李强强（2009）在介绍编制武钢能源投入产出表之后，给出了如何计算武钢的能源资源消耗的能值模型，以此为基础建立了多目标优化模型对武钢能源系统进行优化分析。马少寅等（2013）考虑电力系统投资运行成本、需求侧管理成本以及碳排放成本等，通过构建多目标规划模型试图寻找最优的电力系统规划方案，为电力系统扩展规划提供借鉴。栗然等（2014）综合考虑分布式电源（DG）的环境效益，以污染气体排放量、系统电压偏差和配电网总费用为目标函数建立了一个多目标优化模型，得到了最优的分布式电源配置方案。张一民（2014）将 CO_2、SO_2 和 NO_x 的协同减排纳入考量，构建了考虑治理投资的协同减排多目标优化模型，分析了社会各部门的能源消耗量以及能源代谢产物的治理对其排放量的影响。秦磊等（2015）基于配电网负荷和分布式电源（DG）出力时序特性分析构建了一个多目标数学模型，将其应用于 IEEE33 节点系统以探究 DG 的选址和定容问题。张旭（2015）考虑企业生产过程的多目标（如满足能源需求、成本最小化和减少污染物及温室气体排放等）属性，基于多目标规划方法构建了多目标能源模型，对企业的生产过程用能进行了优化。牛东晓等（2016）以我国南方某岛为例，考虑海岛型分布式电源的特点，综合考虑投资运行费用、系统稳定性和系统损耗等因素构建了多目标分布式电源规划模型，并引入 Godlike 算法对模型进行求解。周鹏飞和耿琎（2016）将经济成本、能源开发比例组合和碳排放量引入目标函数，考虑经济、技术、能源、环境和安全等约束条件，构建了可再生能源开发结构优化的多目标规划模型，并以大连为例分析了该模型的适用性。

3. 动态规划方法

动态规划（Dynamic Programming，DP）是研究具有时间性的多阶段规划问题、是总效果最优的数学理论和方法，主要用于解决多级决策过程的最优化问题。例如，Yang 和 Chen（1989）基于多准则决策过程和动态规划方法构建了一个电源扩容规划模型，并将其应用于中国台湾第四核能发电厂建设的可行性研究中。Alam 等（1990）提出一个基于动态的能源规划模型，并将此模型用于孟加拉的一个农村地区。Rose 等（1996）建立中国动态线性规划模型，此模型用于检验中国经济发展下五种 CO_2 排放战略和如何调整中国能源系统结构以符合 CO_2 排放任务要求。Cai 等（2008）针对 Waterloo 地区长期能源规划的问题建立了大规模的动态优化模型，该模型可将能量系统描述成能量流网络，即在一段时间内通过多种能源转换和传输技术传输能源资源到终端用户。Perez – Guerrero 等（2008）成功地将动态规划（DP）方法应用到解决辐射型配电网系统崩溃之后的修复问题中，得到了最优的系统修复操作序列。Rong 等（2008）引入改进的动态规划方法以研究在解除电力市场管制的背景下热电联产机组的多阶段生产规划问题。Homem – De – Mello 等（2011）以巴西电力系统为例，针对电力系统领域的中长期水火电电力调度问题构建了一个动态规划模型，以期获得最优的水火电中长期调度方案。Khalesi 等（2011）针对配电系统中用户分散和不同类型用电设备接入导致的网损较高和供电可靠性降低的问题，构建了一个动态规划模型以优化分布式电源（DGs）在配电系统中的布局，进而最大限度地降低系统的功率损耗，提高系统的供电可靠性，保障用户的用电安全。Ganguly 等（2013）考虑投资、运营成本及供电可靠性等因素，基于一种新颖的动态规划方法建立了一个配电系统多目标规划模型对系统的新增馈线进行了最优化设计。Falke 和 Schnettler（2016）为降低计算复杂性，首次引入双重动态规划方法建立了一个住宅能源供应系统投资和运营规划模型，实例研究结果表明该模型可以帮助决策者获得满意的决策方案。胡铁松等（1994）以电力系统成本最小化和电力短缺概率最小化为目标函数，构建了一个双目标动态规划模型，并基于约束法将所建模型转化为单目标动态规划模型，为决策者提供了一定的参考依据。吉兴全和王成山（2002）综合考虑输电网供电可靠性、投资成本回收和用户响应等因素，以 Pool 市场定价模式为背景，提出了一种涉及用户需求弹性的动态规划方法，获得了较为理想的规划方案。吴刚和魏一鸣（2009）在保障能源供应安全的背景下，以战略石油储备最小为目标函数构建了一个动态规划模型，得到了石油供应短缺情景下的石油储备补仓和释放策略方案。曾鸣和贾卓（2011）考虑电力双边合约交易机制，以电网企业和发电企业收益最大化为目标函数，建立了双边交易计划优化模型，并利用动态规划算法对模型进行求解。边丽和薛太林（2013）综合分析了山西省平顺县的绿色能源资源禀赋和未来电力需求量，考虑最大装机容量约束、功率平衡约束、输电线路容量约束等，基于动态规划方法建立了一个分布式电源优化模型，得到了较为理想的分布式电源规划方案。刘树林和肖燕（2013）针对梯级发电优化调度问题，深入分析了确定性动态规划方法的局限性及求解时可能产生的问题，通过实际案例探究了该方法的应用范围。莫傲然（2013）分析了北京市当前的能源结构和能源供应中存在的问题，基于动态优化方法对北京市能源供应链进行优化建模，以期为北京市的能源利用和能源供应链规划提供决策支持。王蕾等（2013）考虑电价波动性及不确定性，以系统效益最大化为目标函数，构建了一个微网储能系统动态规划模型，研究了电价和储能策略对系统净收益的影响。焦系泽等（2014）以包含太阳能和蓄电池的家庭综合能源系统为研究对象，以用电费用最少为目标函数构建了基于动态规划方法的家庭综合能源优化模型，结果表明该模型在转移用电负荷、降低电网出力方面效果明显。蒋一鎏和卫春峰（2016）针对微电网能量管理系统的经济调度问题，基于微电网日前调度模型，引入动态规划方法建立了微电网动态经济调度模型，结果证明该模型具有较高的可行性。

4. 区间参数规划方法

区间数学规划（Interval Mathematical Programming，IMP）通常用于解决在规划领域中用区间范围表示的不确定信息，即仅知其上、下界但分布信息未知的区间数。其中，区间数学规划方法中最具典型性和普遍性的是 Huang 等（1992）建立的区间参数规划方法，即 IPP（Interval Parameter

Programming）。例如，Lin 和 Huang（2008）针对区域能源系统中的能源分配和扩容规划问题，应用 IPP 方法开发了一个能源系统规划模型，由此所得的区间解可以被用来较为详尽地分析环境污染风险和经济目标间的权衡情况。Cao 等（2011）将区间线性规划方法成功应用于解决区域大气质量管理问题。Zhu 等（2011）以北京市为研究对象，基于区间参数规划方法构建了一个城市层次能源系统规划模型，研究结果表明可以为决策者提供能源供应、能源转换技术扩容、污染物减排的最优化方案。张永伍（2005）根据配电网运行特征，考虑配电网网架规划存在的不确定性，基于区间参数规划方法开发了一个配电网网架区间规划模型，获得了鲁棒性较强的规划方案。李彩等（2009）考虑能源需求和环境要求，基于区间参数规划方法构建了北京市能源供需优化模型，并运用交互式计算方法进行求解，得到的优化结果表明该模型能够使能源系统的成本处于最小值，其相关决策方案可以给管理人员提供一定的参考。梁宇希等（2010）以北京地区为案例研究对象，引入区间参数规划方法构建了一个不确定性电源规划优化模型，针对电力系统中存在的不确定性问题和机组的扩容问题开展研究。董聪等（2012）针对区域电力—生物质能源系统，以系统成本最小化为目标函数，考虑发电原料可利用量、电力供需平衡、污染物排放等约束条件，引入区间参数规划方法开发了一个选址规划模型，并通过实例研究验证了该模型的可行性。刘烨等（2012）选取典型区域，以煤电一体化能源系统为例，基于区间参数规划方法构建了一个系统优化模型，研究了煤炭的生产、运输、储存和电厂的生产、扩容以及污染物排放等问题。王守相等（2014）考虑到微网中风速、光照强度以及负荷功率具有不确定性特征，引入区间参数规划方法构建了一个微网日前经济优化调度模型，探讨了上述不确定性因素对优化方案的影响。杨少波（2015）为表征和处理风电出力、系统负荷具有的不确定性，基于区间参数规划方法建立了风电电力系统经济调度模型以期消除风电的间歇性对系统的影响，进而提高电力系统经济调度的可靠性。郝晴（2016）以我国为例，首先利用自回归移动平均（ARMA）模型得到了电力需求量的预测结果，然后以系统成本最小化为目标，考虑能源加工转换、能源进出口以及污染物处理等约束条件，基于区间参数规划方法构建了能源系统优化模型，对我国未来的能源规划提供了一定的参考和借鉴。王伟涛（2016）综合分析了河南省未来面临的能源和环境压力，引入区间参数规划方法开发了河南省能源—电力—环境系统规划模型，获得了不同减排情景下的能源规划方案。郑东昕（2016）针对福建省能源系统面临的经济和环境问题，采用区间参数规划方法对福建省的能源资源供应、可再生能源利用、电力生产及扩容、温室气体减排等做了合理、可靠、有效的规划。朱小龙等（2016）为提高钢铁供应链上二次能源的利用效率，采用 ε – 约束方法和区间参数规划方法构建了一个钢铁供应链能源流优化模型，以期为钢铁企业提供有效的参考。

5. 模糊数学规划方法

模糊数学规划（Fuzzy Mathematical Prgramming，FMP）是将模糊集理论引入普通数学规划框架中而产生的方法。FMP 方法可以有效地处理环境系统中表现为模糊集的不确定性问题，因此，近年来该方法在能源系统规划中得到了广泛的应用。例如，Chedid 等（1999）考虑九种能源类型和六个终端用户，引入模糊线性规划方法解决能源资源的分配问题，得到了满意的优化方案。Mavrotas 等（2003）开发了模糊线性规划模型，用来处理能源系统中的不确定性信息以寻求系统的最低成本。Jana 和 Chattopadhyay（2004）开发了一个多目标模糊线性规划模型，用于农村家庭照明能源规划。Muela 等（2007）提出了一个模糊概率模型，以在遵循环境标准的前提下进行发电生产计划，在此系统中不确定性是表现为模糊集的能源需求量。Jinturkar 和 Deshmukh（2011）针对印度马哈拉施特拉邦布尔达纳县的某农村的生活用能问题，考虑当地可利用资源、经济承受能力、社会认可度和环境污染等因素，开发了一个模糊混合整数目标规划模型以帮助决策者识别最优的农村能源规划方案。Kaya 和 Kahraman（2011）提出了一种改进的模糊 TOPSIS 法对多种能源技术进行综合评价，以期为解决区域能源规划决策问题和筛选最优的能源替代技术提供参考。Kazemi 等（2012）建立了多目标模糊线性规划模型用于伊朗 2011～2010 年的用户能源分配问题。Nie 等（2014）引入模糊数学规划方法建立了一个区域能源—环境管理系统优化模型，获得了发电、供热设施的扩容和能流分配的最优规划方案，为决策者制定相关的能源政策奠定了基础。Liu 等（2015）利用模糊可信性约束规划方法构建了一个能源—经济—环境系统规划模型，并通过一个包含多种能源类型和用户的区域能源系统来验证所构建模型在寻找最优规划方案方面的可行性和可靠性。Wang 等（2016）针对乌鲁木齐市的能源和交通系统管理问题，引入模糊数学规划方法对该地区的能源结构调整、清洁能源发电和大气污染物减排方案进行了优化，深入分析了能源和交通活动及相关政策对环境产生的影响。唐为民等（2003）结合电力的直接负荷控制策略的特点，开发了一个模糊动态规划模型，研究了在考虑发电部门、电力系统和用户三方效益的情况下如何寻找最优控制策略。何发武（2007）针对电力系统经济负荷分配问题，以发电成本最小化为目标函数，考虑各机组的有功功率构建了一个模糊线性规划模型，得到了令人满意的优化方案。李心市（2008）以油田开发为研究对象，基于模糊目标规划的方法构建了一个优化模型以解决油田开发规划中若干相互制约的目标问题，研究结果证明该方法具有良好的适用性。周景宏（2011）以美国和中国的电力综合资源战略管理为研究对象，建立了一个模糊电力综合资源战略规划模型，分析了不同电力规划思想下的电力供需平衡方式，获得了理想的规划方案。陈艳菊（2012）以某地区为例，基于模糊可能性理论，考虑能源资源可利用量和能源供需状况，构建了一个 2 – 型模糊环境下的能源规划模型，探究了如何提高能源利用率、降低环境污染等问题。李萌文（2012）将碳排放权交易、清洁发展机制纳入能源系统碳减排中，以某区域为例，基于模糊数学规划方法建立了一个区域能源系统碳减排规划模型，研究了碳减排的相关政策可能对经济产生的影响。曾鸣等（2013）考虑分布式电源的经济、技术以及环境属性，提出了一个静态模糊目标规划模型，对分布式电源在输配电系统中的选址、扩容、技术选择等进行了优化。胡永强等（2014）针对风电、光伏发电出力的模糊性特点，同时考虑储能装置出力及电力需求约束，开发了一个模糊储能优化模型以最大限度地使风光储联合发电系统的出力与计划出力相匹配。陆悠悠（2014）为解决山东省能源—经济—环境系统面临的能源短缺和环境污染等问题，以三大产业结构、能源消耗强度以及污染物（化学需氧量、SO_2、氨氮等）排放量为目标参数构建了一个模糊目标规划模型，以期为山东省的能源经济发展提供科学有效的决策支持。张慧妍等（2015）针对水质监测用浮标的供电问题，考虑系统经济性、天气因素以及浮力、容积等约束条件，基于模糊整数规划方法开发了一个水质浮标光伏/蓄电池动力源配置优化模型，得到了最优的动力源配置方案。

6. 随机数学规划方法

由于随机数学规划（Stochastic Mathematical Programming，SMP）能够有效地处理能源规划中的随机不确定性信息，而且还能帮助决策者深入分析与经济惩罚相联系的各种政策情景，近十几年来研究人员开发了许多SMP方法及基于SMP的能源模型。例如，Bunn和Pasehentis（1986）构建了基于SMP的优化模型，通过模型求解和结果解译，识别了需求不确定条件下的最优电力分配方式。Pereira和Pinto（1991）建立了能源规划的多阶段规划模型，并提出用分段线性函数来近似随机动态规划的期望成本值的观点。Mo等（1991）考虑到电源规划中能源需求及能源价格存在波动性，构建了随机规划模型并将其应用于实际案例，获得的优化方案为相关的投资决策提供了参考。Wallace和Fleten（2003）对能源规划领域的随机规划模型进行了综述，并分门别类进行了讨论。Weber等（2009）基于随机规划理论分析大型一体化风能发电并网问题，分别讨论了风能的大量使用对能源储存和使用，以及电网运行和系统成本的影响。Chen等（2010）针对能源系统管理规划及碳排放权交易开发了一个两阶段随机规划模型，所得到的优化结果可以帮助决策者识别不同系统可靠性约束条件下的温室气体减排策略。Li等（2010）将具有追索权的多阶段随机规划方法引入区域层次能源—环境系统的规划管理中，为相关能源技术扩容、能源供应的动态决策提供科学合理的参考。Xu等（2010）以我国十大煤炭基地之一的某市为例，分析了该地区煤炭工业的发展潜力，建立了一个随机规划模型以期为煤炭工业的发展规划提供决策参考。Zhou 等（2013）针对分布式能源系统的多输入/输出特点，开发了一个两阶段随机规划模型以探究分布式能源系统的最优设计方案，并以某酒店的分布式能源系统为例验证了该模型的有效性。Fürsch 等（2014）以欧洲中部电力市场为研究对象，考虑分布式能源的接入对电力系统的影响，开发了一个多阶段随机投资—调度模型以分析分布式能源对投资选择、电力生产和系统成本的影响。杨宁和文福栓（2004）建立了一个机会约束规划模型以处理电力市场环境下输电系统中的不确定性因素，并通过算例验证了方法的可行性。张帆等（2010）针对风能、水能和光能的随机性，利用机会约束随机规划方法建立了农村风水光发电系统的容量配置优化模型，为用户提供了决策支持。胡吟（2012）考虑配电公司和分布式发电投资商的利益，引入机会约束规划方法，以系统成本最小化为目标函数构建了一个含分布式发电的配电网随机优化模型，并通过实际案例研究验证了该模型的有效性。王文锋（2012）以某区域的水电站群和风电场为案例研究对象，充分考虑风电功率、电价的随机波动特性，开发了一个二阶段随机规划模型以制定风电和水电联合运行的最优方案。文旭等（2013）在电力市场大环境下，考虑电力跨省交易、市场电价、符合需求等随机性因素，开发了一个省级电网随机规划购电模型，并通过算例仿真验证了上述模型的有效性。林巾琳（2014）基于电力市场竞争调度原则，以发电公司收益最大化为目标，构建了一个风—水—火随机动态经济调度优化模型以尽可能地降低风电的随机性对电力系统的冲击。于佳（2014）以抽水蓄能电站和风电场为研究对象，为降低风蓄入网功率的波动对常规机组的影响，构建了一个随机规划模型以期为调度部门制定相关的发电计划和大规模风电入网研究提供参考和借鉴。张占玲（2014）耦合存储论模型和随机规划方法开发了一个基于存储论的随机规划模型，并将其应用于北京市电力系统的长期规划研究中，得到的优化方案可以帮助决策者有效地解决安全库存问题。李毅等（2016）分析了交直流混合微网的两种供电模式（交、直流）的优劣，考虑源荷供用电效率、微网运行费用和功率损耗，建立了一个源荷协调优化模型以在保证微网运行经济性、环保性的同时尽可能地节能降损。王海冰（2016）将金融风险管理的概念引入发电调度的管理中，考虑风电、光伏发电等可再生能源出力及负荷的不确定性，构建了一个两阶段随机规划发电调度模型，为电力系统调度人员的调度决策提供参考。

（二）多种优化方法的耦合在能源规划中的应用

上述优化方法在不同尺度的能源系统规划中应用较为广泛，为多尺度能源系统的规划与管理积累了较为丰富的经验。然而，能源规划需要考虑多种能源活动如能源生产、能源加工转换、能源储存、设备扩容等，同时也受到多种因素如能源价格、能源供应结构、能源需求量、加工转换效率等的影响。单一的优化方法往往不能充分反映和系统表征相关能源活动和影响因素及能源系统内部之间的交互作用导致的多重复杂性，由此得到的相关决策方案的有效性和可靠性将值得商榷。鉴于此，为有效处理能源系统中存在的多重复杂性和不确定性，相关学者开始尝试耦合多种优化方法以开发一系列不确定性能源系统规划模型，进而为决策者提供科学、合理、可靠、有效的决策支持。例如，Park 等（1998）针对实际的发电扩容长期规划问题，耦合改进的遗传算法和动态规划方法建立了一个发电扩容规划模型，并将其成功应用于包含 15 个发电厂的测试系统中。Borges 和 Antunes（2003）针对区域能源经济的规划管理问题开发了一个模糊多目标线性规划模型，分析了能源系统与经济之间的交互作用，为区域层次的能源经济规划提供决策参考。Sadeghi 和 Hosseini（2006）以伊朗为研究对象，将能源系统中的模糊信息纳入考量建立了一个模糊线性规划模型，并将其应用于能源供应系统的管理中，得到了令人满意的优化方案。Li 等（2009）运用耦合鲁棒规划方法、区间参数规划方法和极小极大—后悔分析法，开发了一个区间参数鲁棒极小极大—后悔规划模型以为区域能源—环境系统的管理提供科学有效的决策支持。Dong 等（2011）基于区间参数规划和极小极大后悔规划的耦合方法构建了一个区间参数极小极大后悔规划模型，并将其应用于某电力系统的中长期规划管理中，获得了满意的优化方案。Huang 等（2011）以某区域能源系统为研究对象，考虑能源系统中存在的不确定性因素及其管理中面临的设备扩容、电厂选址等复杂问题，开发了一个区间参数机会约束混合整数规划模型，为区域能源系统管理提供决策参考。Lin 等（2011）将区间参数规划、模糊数学规划和混合整数规划融入区域能源系统管理框架中，开发了一个动态优化模型以为能源系统的规划管理提供一定的借鉴。Zakariazadeh 等（2014）针对智能配电系统中的能源和储备调度问题，基于两阶段随机方法和多目标规划方法建立了一个随机多目标运营调度模型，该模型能有效地解决风力发电的波动性问题及其并网问题。Zhou 等（2014）以深圳市为研究对象开发了一个基于分位数的区间混合整数规划模型，获得了该市能源供应、发电设施扩容、油品生产、污染物减排、温室气体控制和电力进出口的最优规划方案，为城市层次的能源系统规划提供了一定的参考。Zhu 等（2014）运用耦合区间参数规划、分式规划和混合整数规划方法构建了一个区间混合整数分式规划模型，并将其应用于某区域能源系统的长期规划管理中，得到了可靠、有效的规划方案。李延峰（2009）考虑到传统确定性能源模型存在的局限性，为解决不确定条件下的能源系统规划问题，开发了多阶段区间—随机能源模型和模糊—随机能源模型，为能源系统管理人员提供了有效的决策支持。叶悦良（2009）运用耦合区间参数规划方法和机会约束规划方法，开发了一个北京市能源供应优化模型，以期为该地区的能源系统规划提供有效的决策支持。曹明飞（2011）以典型城市为例，为有效处理电力—环境系统中存在的不确定因素及其可能引起的系统风险，开发了一个模糊整数—随机边界区间优化模型，获得了对应不同风险程度的电力系统规划方案。牛彦涛（2011）分析了北京市的能源结构及特征，基于区间参数规划方法和机会约束规划方法构建了北京市能源系统规划模型，为典型城市能源系统管理提供了一定的借鉴。王兴伟（2012）以北京市电力—环境系统为案例研究对象，结合灰色电力需求预测，开发了一个电力环境系统规划模型以识别该地区最优的电力生产方案、发电技术扩容方案和CO_2减排方案。刘书惟（2014）首次将空气质量指数（AQI）引入电力系统规划中，开发了一个两阶段区间—联合概率能源模型以探究不同 AQI 值对污染物减排量、各发电技术的发电量及其扩容规划的影响。朴明军（2015）以上海市为例，开发了一个区间模糊鲁棒规划模型以解决不确定条件下的电力系统规划问题，得到了最优的能源供应和电力生产、调入及设备扩容方案。钟嘉庆（2015）为解决多种供电形式（风电、光伏发电等）可能带来的不确定性问题，以系统成本和 CO_2 排放量最小为目标函数，开发了一个低碳电源规划多目标鲁棒优化模型，结果表明鲁棒优化方案具有较高的可行性和可靠性。孙朝阳（2016）综合考虑能源的开采、运输、储存和利用等环节，基于随机排队论和区间两阶段随机规划的耦合方法构建了一个两阶段随机排队论规划模型，研究了随机排队现象对能源系统的影响。郭炜煜和李超慈（2016）选取典型区域，考虑该区域电力一体化发展与环境协同治理，引入区间参数规划方法和机会约束规划方法建立了一个电力—大气耦合规划模型，为电力一体化发展背景下的多种污染物协同治理提供参考。

四、本章小结

综上所述，国内外相关领域的研究人员针对区域碳排放峰值预测、能源系统规划模型以及优化方法在能源规划中的应用 3 个方面开展了一系列有针对性的研究，取得了显著的研究成果，为能源系统代谢产物（特别是 CO_2）的综合管理以及多尺度能源系统规划提供了一定的理论参考和技术支持。

考虑到区域能源系统是一个涉及面极广的复杂巨系统，其碳排放量预测工作和规划管理工作受多种复杂因子及过程的影响，而现有预测模型和规划模型在针对具体案例解决实际问题时或过于片面，或过于宏观，仍然存在一些缺陷和不足之处：

（1）区域碳排放预测受人口总量、经济发展速度、技术进步、产业结构变化等多种驱动因子的影响，而现有的多数预测模型仅考虑了其中的部分因子，需要对其加以改进或扩展，以增强模型的适用性。

（2）对于能源系统规划，现有研究多集中在区域层次且时间跨度较大，而针对社区层次的中、小尺度的能源系统规划研究较少。

（3）很少有研究能将区域碳排放峰值管理与区域能源系统规划管理相结合以探究碳排放峰值对区域能源结构调整的倒逼效应。

因此，针对区域碳排放量预测工作和多尺度能源系统规划工作具有的复杂性、动态性、不确定性等特点，迫切需要改进现有预测模型以提高预测精度，耦合多种不确定性优化方法以构建多尺度能源系统规划模型，并将碳排放峰值管理纳入考量，为区域能源系统综合规划和科学管理提供决策参考。

第三章

基于区间多阶段随机机会约束规划方法的生物质—生活垃圾发电厂供电管理规划

一、引 言

近年来，随着经济的快速发展和人民生活水平的逐步提高，能源资源的需求量显著增加（Liu 等，2011）。燃煤发电作为主要的发电方式，其煤炭消耗量占煤炭消耗总量的绝大部分。以 2010 年为例，我国火力发电行业的煤炭消耗量达到了 9.1 亿吨，占我国煤炭消耗总量的 62.23%。2015 年，我国的燃煤发电耗煤量超过 14 亿吨。此外，煤炭的大量燃烧导致了严重的环境污染问题，给生态系统和人民健康带来了巨大压力（Reddy 等，2013）。因此，为保护环境和实现我国社会经济的可持续发展，迫切需要寻找、开发新的可再生能源，如生物质、生活垃圾（MSW）等。

然而，生物质或生活垃圾具有低密度、低热值和低热效率等特点。在开发利用过程中，要想满足日益增长的能源需求，需要消耗大量的生物质或生活垃圾。这不可避免地会导致系统的经济目标与能源供需以及环境保护之间产生矛盾与冲突。因此，相关学者开发了大量的新系统或优化管理技术以有效地解决生物质或生活垃圾开发利用过程中存在的问题。例如，考虑经济和环境目标以及相关约束条件，Anderson 等（2005）开发了一个多目标进化算法以优化生活垃圾焚烧发电厂的运营模式。将生物质气化发电厂、储气系统和备用发电机纳入考量，Pérez‐Navarro 等（2010）创新性地提出了一个风电—生物质混合系统以平衡风电场的风机出力。Esen 和 Yuksel（2013）设计了一个带有水平地埋管换热器的沼气—太阳能—地源热泵温室供暖系统以满足相应的热负荷需求。

为了促进我国可再生能源资源的发展，新能源方面的投资力度在逐步加大，这一点在生物质能源产业上体现得尤为明显。基于可再生能源的中长期发展规划，我国政府提出了生物质能源产业的发展目标：到 2015 年，生物质发电装机容量将达到 13 吉瓦（相当于年发电量为 645 亿千瓦时）；到 2020 年，相应的装机容量将超过 30 吉瓦（相当于年发电量为 1488 亿千瓦时）（Zhao 等，2013）。此外，作为一种潜力巨大的能源替代方式，生活垃圾焚烧发电在我国，特别是在一些经济较发达但填埋场地不足的城市发展较快（Chen 和 Christensen，2010）。

事实上，对于生物质发电或生活垃圾焚烧发电来说，决策者需要考虑多种不确定因素，如秸秆产量呈季节性波动特征、系统工况的动态变化、生活垃圾产率及系统相关经济和技术参数的变化等。此外，电力生产中的加工/转换、运输/储存以及电力供需等过程也进一步增加了系统的复杂性，进而提高了相关决策的难度。上述不确定因素和复杂性会对生物质发电和生活垃圾焚烧发电过程的优化管理以及相应的决策方案产生不良影响（Huang 等，1993；Yeomans 等，2003）。重要的是，传统的优化方法或技术并不能有效地处理上述不确定因素和复杂性。因此，迫切需要开发行之有效、稳定可靠的优化方法。

多年来，为有效地处理电力生产以及生活垃圾管理系统中存在的多重不确定性和复杂性问题，国内外相关学者开发了一系列的不确定性优化方法和技术。例如，Maqsood 和 Huang（2003）为解决生活垃圾管理系统的规划问题引入了区间两阶段随机规划模型，在系统成本最小化、可靠性最大化的条件下得到了期望的生活垃圾管理模式。同样针对生活垃圾管理问题，Li 等（2006）构建了一个区间两阶段随机混合整数规划模型，并将其用于分析当承诺的政策目标不能实现时具有不同经济惩罚水平的多种政策情景以获得相应的决策方案。为给不确定条件下区域电力系统的规划管理提供决策支持，Li 等（2010）还提出了一个基于区间多阶段随机规划方法的区域尺度能源模型。Li 和 Huang（2012）开发了一个区间多阶段随机整数规划模型，并将其应用于电力系统的规划管理中，获得了不同温室气体减排方案和电力需求水平下最优的电力生产方案。

总体来说，上述针对电力系统和生活垃圾管理系统的研究主要聚焦于某几种能源转换技术（燃煤发电、风电、生物质发电和光伏发电等）和生活垃圾处理处置方式（填埋、焚烧和堆肥等）。换句话说，很少有学者针对生物质直燃发电厂或生活垃圾焚烧发电厂的供电管理开展研究，更不用说在统筹考虑生物质和生活垃圾可利用量的动态变化和随机特征的基础上，耦合这两种能源资源以优化调整供电过程。此外，尽管上述优化模型可以有效地处理以区间参数和概率分布函数表征的不确定性，但是它们不能够量化系统的违约风险，这意味着上述优化模型不能够为系统成本和违约风险之间的权衡分析提供决策支持（Li 等，2007）。

因此，本章的研究目标是考虑生物质和生活垃圾可利用量的动态变化和随机特征，构建一个区间多阶段随机机会约束规划（MSICCP）模型，并将其应用于生物质—生活垃圾发电厂的联合供电管理中。所构建的模型将多阶段随机规划（Multistage Stochastic Programming，MSP）、区间参数规划（IPP）和机会约束规划（Chance-constrained Programming，CCP）三种方法整合到一个框架中，在处理区间数和概率分布函数等多种不确定性和复杂性的同时优化管理该发电厂的供电过程。接下来，采用一个案例来验证所建模型的可行性和适用性。该模型的优化结果不仅能够帮助决策者识别不确定条件下的最优供电管理策略，而且可以在系统成本和系统违约风险之间做全面的权衡。此外，为确保供电的安全性和可靠性，案例中采用生物质发电、生活垃圾焚烧发电（备用电源）两种发电方式（Cai 等，2009）。

二、研究方法

（一）多阶段随机规划

在许多实际问题中，所研究的系统通常具有动态变化的特征，且系统中存在的不确定性常常以随机变量的形式表征。因此，不同概率水平下每个时期都需要做出相应的决策。上述问题可以借助可追索的多阶段随机规划模型来解决。在多阶段随机规划模型中，不确定性以多层情景树的形式表征（见图3-1），且每个时期中随机变量和节点（代表系统状态）呈一一对应关系（Li 和 Huang，2012）。

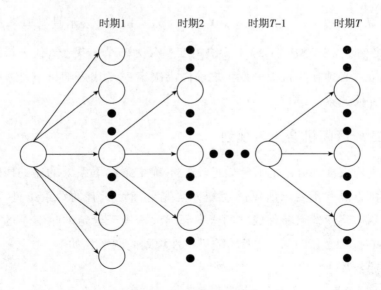

图3-1　多阶段情景树结构

一般来说，可追索的多阶段随机线性规划（MSP）模型如下：

目标函数：

$$\max f = \sum_{t=1}^{T} \left(\sum_{j=1}^{n_1} c_{jt} x_{jt} - \sum_{j=1}^{n_2} \sum_{h=1}^{H_t} p_{th} d_{jt} y_{jth} \right) \qquad (3-1a)$$

约束条件：

$$\sum_{j=1}^{n_1} a_{rjt} x_{jt} \leqslant b_{rt}, \quad r = 1, 2, \cdots, m_1; \quad t = 1, 2, \cdots, T \qquad (3-1b)$$

$$\sum_{j=1}^{n_1} a_{ijt} x_{jt} + \sum_{j=1}^{n_2} a'_{ijt} y_{jth} \leqslant \hat{w}_{ith}, \qquad (3-1c)$$

$$i = 1, 2, \cdots, m_2; \quad t = 1, 2, \cdots, T; \quad h = 1, 2, \cdots, H_t$$

$$x_{jt} \geqslant 0, \quad j = 1, 2, \cdots, n_1; \quad t = 1, 2, \cdots, T \qquad (3-1d)$$

$$y_{jth} \geqslant 0, \quad j = 1, 2, \cdots, n_2; \quad t = 1, 2, \cdots, T; \quad h = 1, 2, \cdots, H_t$$

$$(3-1e)$$

其中，p_{th} 是 t 时期情景 h 发生的概率，L、M 和 H 分别代表情景具有低、中、高概率水平。每个时期每个情景都对应着一个固定的概率水平 p_{th}（例如，$L-L-L-\cdots-L$），$p_{th} > 0$ 且 $\sum_{h=1}^{H_t} p_{th} = 1$。$\hat{w}_{ith}^{\pm}$ 表示具有概率水平 p_{th} 的随机变量。在模型（3-1）中，决策变量分为两个子集：x_{jt} 代表第一阶段决策变量，必须在随机事件发生之前做出决定；y_{jth} 代表随机事件发生之后做出的补偿追索。

（二）区间机会约束规划

机会约束规划方法能够有效地反映不确定条件下系统的违约风险。实际上，该方法并不要求所做的规划方案完全满足所有的约束条件。但是，相关规划方案使约束条件成立的概率必须大于等于给定的足够小的置信水平（Loucks 等，1981）。一般的随机线性规划问题形式如下：

目标函数：

$$\max C(t) X \qquad (3-2a)$$

约束条件：

$$A(t)X \leqslant B(t) \tag{3-2b}$$

$$x_j \geqslant 0, \ x_j \in X, \ j = 1, \ 2, \ \cdots, \ n, \tag{3-2c}$$

其中，X 是决策变量向量，而 $A(t)$、$B(t)$ 和 $C(t)$ 是定义在概率空间 $T(t \in T)$ 上包含若干随机变量的集合（Charnes 等，1971；Infanger 和 Morton，1996）。要求解模型（3-2），可以先将其等价转化成一个确定性的模型，这可以通过引入机会约束规划方法来实现。机会约束规划为其第 i 个约束设置了一定的概率水平 $p_i \in [0, 1]$，且要求规划方案使该约束条件成立的概率必须大于等于 $1 - p_i$，即该模型的可行解要满足以下约束条件（Charnes 等，1971）：

$$\Pr[\{t \mid A_i(t)X \leqslant b_i(t)\}] \geqslant 1 - p_i, \ A_i(t) \in A(t), \ i = 1, \ 2, \ \cdots, \ m \tag{3-3}$$

显然，式（3-3）是非线性的，且约束集仅仅在特定的概率分布函数和一定的概率水平 p_i 下是凸集，如①a_{ij} 是确定的而 b_i 是随机的（对所有 p_i 来说）；②a_{ij} 和 b_i 是离散型随机变量，且 $p_i \geqslant \max_{r=1,2,\cdots,R}(1 - q_r)$，其中 q_r 是 r 的观测值出现的概率；③a_{ij} 和 b_i 服从高斯分布，且 $p_i \geqslant 0.5$（Roubens 和 Teghem，1991）。在模型（3-2）中，当 a_{ij} 是确定的而 b_i 是随机变量时，式（3-3）可以线性化为：

$$A_i(t) \leqslant b_i(t)^{(p_i)}, \ \forall i \tag{3-4}$$

其中，$b_i(t)^{(p_i)} = F_i^{-1}(p_i)$。式（3-4）不仅给出了 b_i 的累计概率分布函数，而且给定了违反 i 约束的概率。式（3-4）仅仅适用于当 A 是确定值的情形。如果 A 和 B 都具有不确定性，那么约束集将变得异常复杂（Ellis 等，1991；Infanger，1992；Watanabe 和 Ellis，1994；Zare 和 Daneshmand，1995）。

为反映模型（3-2）中目标函数的随机性，常常借助机会约束规划方法将其等价转化为一个确定性的目标函数。主要有求最优均值、求最小方差、求最小风险、求最大分位数四种转化方法（Roubens 和 Teghem，1991）。然而，上述方案不能有效地处理系数 c_j 的不确定性。为处理 A、B 和 C 的不确定性，一种可能的解决方案是将区间参数规划引入机会约束规

划框架中，将其表征为区间数。区间参数规划的常见形式如下（Huang 和
Baetz，1994）：

目标函数：

$$\max f^{\pm} = C^{\pm} X^{\pm} \tag{3-5a}$$

约束条件：

$$A^{\pm} X^{\pm} \leqslant B^{\pm} \tag{3-5b}$$

$$X^{\pm} \geqslant 0 \tag{3-5c}$$

其中，$A^{\pm} \in \{\mathfrak{R}^{\pm}\}^{m \times n}$、$B^{\pm} \in \{\mathfrak{R}^{\pm}\}^{m \times 1}$、$C^{\pm} \in \{\mathfrak{R}^{\pm}\}^{n \times 1}$，而 $\mathfrak{R}^{\pm}$ 代表
区间集。设 a 为一个有界实数，则区间数 $a^{\pm}$ 表示已知下界和上界但概率分
布未知的范围：$a^{\pm} = [a^-, a^+] = \{t \in a \mid a^- \leqslant t \leqslant a^+\}$，其中 a^- 和 a^+ 分别
表示 $a^{\pm}$ 的下界和上界。基于此，可以得到区间机会约束规划（ICCP）
模型：

目标函数：

$$\max f^{\pm} = C^{\pm} X^{\pm} \tag{3-6a}$$

约束条件：

$$\Pr[\{t \mid A_i^{\pm} X^{\pm} \leqslant b_i(t)\}] \geqslant 1 - p_i,$$

$$A_i^{\pm} \in A^{\pm}, \quad i = 1, 2, \cdots, m \tag{3-6b}$$

$$x_j^{\pm} \geqslant 0, \quad x_j^{\pm} \in X^{\pm}, \quad j = 1, 2, \cdots, n \tag{3-6c}$$

模型（3-6）可以等价转化为一个确定的形式（Charnes 等，1971；
Charnes 和 Cooper，1983）如下：

目标函数：

$$\max f^{\pm} = C^{\pm} X^{\pm} \tag{3-7a}$$

约束条件：

$$A_i^{\pm} X^{\pm} \leqslant B(t)^{(p)}, \quad A_i^{\pm} \in A^{\pm}, \quad i = 1, 2, \cdots, m \tag{3-7b}$$

$$x_j^{\pm} \geqslant 0, \quad x_j^{\pm} \in X^{\pm}, \quad j = 1, 2, \cdots, n \tag{3-7c}$$

其中，$B(t)^{(p)} = \{b_i(t)^{(p_i)} \mid i = 1, 2, \cdots, m\}$。

（三）区间多阶段随机机会约束规划

尽管模型（3-1）可以处理以概率分布函数表征的不确定性，并且能

够将既定政策与其经济影响紧密结合，但存在两个缺陷：一是不能处理约束条件的左手边、右手边以及目标函数中系数的不确定性（如上述模型中的 A、B 和 C）；二是线性约束条件仅仅适用于当约束左手边的系数是确定的情形。不仅如此，约束右手边参数的随机性也需要进一步反映和处理，而这种不确定性可以用"满足该约束条件的概率要大于等于给定的最小值"来表征。基于此，可以得到区间多阶段随机机会约束规划（MSICCP）模型如下：

目标函数：

$$\max f^{\pm} = \sum_{t=1}^{T}\left(\sum_{j=1}^{n_1} c_{jt}^{\pm} x_{jt}^{\pm} - \sum_{j=1}^{n_2}\sum_{h=1}^{H_t} p_{th} d_{jt}^{\pm} y_{jth}^{\pm}\right) \tag{3-8a}$$

约束条件：

$$\sum_{j=1}^{n_1} a_{rjt}^{\pm} x_{jt}^{\pm} \leqslant b_{rt}^{\pm}, r=1,2,\cdots,m_1; t=1,2,\cdots,T \tag{3-8b}$$

$$\sum_{j=1}^{n_1} a_{ijt}^{\pm} x_{jt}^{\pm} + \sum_{j=1}^{n_2} a'^{\pm}_{ijt} y_{jth}^{\pm} \leqslant \hat{w}_{ith}^{\pm},$$
$$i=1,2,\cdots,m_2; t=1,2,\cdots,T; h=1,2,\cdots,H_t \tag{3-8c}$$

$$\Pr\left\{\sum_{j=1}^{n_1} a_{sjt}^{\pm} x_{jt}^{\pm} + \sum_{j=1}^{n_2} a'^{\pm}_{sjt} y_{jth}^{\pm} \leqslant b_{st}\right\} \geqslant 1-p_s,$$
$$s=1,2,\cdots,m_3; t=1,2,\cdots,T; h=1,2,\cdots,H_t \tag{3-8d}$$

$$x_{jt}^{\pm} \geqslant 0, j=1,2,\cdots,n_1; t=1,2,\cdots,T \tag{3-8e}$$

$$y_{jth}^{\pm} \geqslant 0, j=1,2,\cdots,n_2; t=1,2,\cdots,T; h=1,2,\cdots,H_t \tag{3-8f}$$

约束模型（3-8d）可以等价转化为如下形式：

$$\sum_{j=1}^{n_1} a_{sjt}^{\pm} x_{jt}^{\pm} + \sum_{j=1}^{n_2} a'^{\pm}_{sjt} y_{jth}^{\pm} \leqslant b_{st}^{(p_s)}, \forall s \tag{3-9}$$

在模型（3-8）中，$x_{jt}^{\pm}$ 代表第一阶段决策变量，必须在随机事件发生之前做出决定；$y_{jth}^{\pm}$ 代表随机事件发生之后做出的补偿追索。

根据 Huang 和 Loucks（2000）提出的交互式算法，MSICCP 模型可以转化为两个确定性的子模型。由于模型的目标函数是求最大值，因此先拆

分子模型 f^+；基于 f^+ 子模型的求解结果，再构建子模型 f^-。拆分得到的 f^+ 子模型如下：

目标函数：

$$\max f^+ = \sum_{t=1}^{T} \left(\sum_{j=1}^{j_1} c_{jt}^+ x_{jt}^+ + \sum_{j=j_1+1}^{n_1} c_{jt}^+ x_{jt}^- - \sum_{j=1}^{j_2} \sum_{h=1}^{H_t} p_{th} d_{jt}^- y_{jth}^- - \sum_{j=j_2+1}^{n_2} \sum_{h=1}^{H_t} p_{th} d_{jt}^- y_{jth}^+ \right)$$

$$(3-10a)$$

约束条件：

$$\sum_{j=1}^{j_1} a_{rjt}^- x_{jt}^+ + \sum_{j=j_1+1}^{n_1} a_{rjt}^- x_{jt}^- \leqslant b_{rt}^+, r=1,2,\cdots,m_1; t=1,2,\cdots,T \quad (3-10b)$$

$$\sum_{j=1}^{j_1} a_{ijt}^- x_{jt}^+ + \sum_{j=j_1+1}^{n_1} a_{ijt}^- x_{jt}^- + \sum_{j=1}^{j_2} a_{ijt}' y_{jth}^- + \sum_{j=j_2+1}^{n_2} a_{ijt}' y_{jth}^+ \leqslant \hat{w}_{ith}^+,$$

$$i=1,2,\cdots,m_2; t=1,2,\cdots,T; h=1,2,\cdots,H_t \quad (3-10c)$$

$$\sum_{j=1}^{j_1} a_{sjt}^- x_{jt}^+ + \sum_{j=j_1+1}^{n_1} a_{sjt}^- x_{jt}^- + \sum_{j=1}^{j_2} a_{sjt}'^- y_{jth}^- + \sum_{j=j_2+1}^{n_2} a_{sjt}'^- y_{jth}^+ \leqslant b_{st}^{(p_s)}, \forall s \quad (3-10d)$$

$$x_{jt}^+ \geqslant 0, j=1,2,\cdots,j_1; t=1,2,\cdots,T \quad (3-10e)$$

$$x_{jt}^- \geqslant 0, j=j_1+1,j_1+2,\cdots,n_1; t=1,2,\cdots,T \quad (3-10f)$$

$$y_{jth}^- \geqslant 0, j=1,2,\cdots,j_2; t=1,2,\cdots,T; h=1,2,\cdots,H_t$$

$$(3-10g)$$

$$y_{jth}^+ \geqslant 0, j=j_2+1,j_2+2,\cdots,n_2; t=1,2,\cdots,T; h=1,2,\cdots,H_t$$

$$(3-10h)$$

其中，$x_{jt}^{\pm}(j=1,2,\cdots,j_1)$ 和 $x_{jt}^{\pm}(j=j_1+1,j_1+2,\cdots,n_1)$ 分别表示目标函数中具有正、负系数的区间变量；同理，$y_{jth}^{\pm}(j=1,2,\cdots,H_t)$ 与 $y_{jth}^{\pm}(j=j_2+1,j_2+2,\cdots,n_2$ 且 $h=1,2,\cdots,H_t)$ 分别表示目标函数中具有正、负系数的随机变量。而 $x_{jtopt}^+(j=1,2,\cdots,j_1)$、$x_{jtopt}^-$ $(j=j_1+1,j_1+2,\cdots,n_1)$、$y_{jthopt}^-(j=1,2,\cdots,j_2$ 且 $h=1,2,\cdots,H_t)$ 和 $y_{jthopt}^+(j=j_2+1,j_2+2,\cdots,n_2$ 且 $h=1,2,\cdots,H_t)$ 的解可由子模型(3-10)求得。基于上述求解结果，f^- 子模型构建如下：

目标函数：

$$\max f^- = \sum_{t=1}^{T} \left(\sum_{j=1}^{j_1} c_{jt}^- x_{jt}^+ + \sum_{j=j_1+1}^{n_1} c_{jt}^- x_{jt}^- - \sum_{j=1}^{j_2} \sum_{h=1}^{H_t} p_{th} d_{jt}^+ y_{jth}^- - \sum_{j=j_2+1}^{n_2} \sum_{h=1}^{H_t} p_{th} d_{jt}^+ y_{jth}^+ \right)$$

$$(3-11a)$$

约束条件：

$$\sum_{j=1}^{j_1} a_{rjt}^+ x_{jt}^+ + \sum_{j=j_1+1}^{n_1} a_{rjt}^+ x_{jt}^- \leqslant b_{rt}^-, r=1,2,\cdots,m_1; t=1,2,\cdots,T \qquad (3-11b)$$

$$\sum_{j=1}^{j_1} a_{ijt}^+ x_{jt}^+ + \sum_{j=j_1+1}^{n_1} a_{ijt}^+ x_{jt}^- + \sum_{j=1}^{j_2} a'^+_{ijt} y_{jth}^- + \sum_{j=j_2+1}^{n_2} a'^+_{ijt} y_{jth}^+ \leqslant \hat{w}_{ith}^-,$$

$$i=1,2,\cdots,m_2; t=1,2,\cdots,T; h=1,2,\cdots,H_t \qquad (3-11c)$$

$$\sum_{j=1}^{j_1} a_{sjt}^+ x_{jt}^+ + \sum_{j=j_1+1}^{n_1} a_{sjt}^+ x_{jt}^- + \sum_{j=1}^{j_2} a'^+_{sjt} y_{jth}^- + \sum_{j=j_2+1}^{n_2} a'^+_{sjt} y_{jth}^+ \leqslant b_{st}^{(p_s)}, \forall s \qquad (3-11d)$$

$$0 \leqslant x_{jt}^- \leqslant x_{jtopt}^+, j=1,2,\cdots,j_1; t=1,2,\cdots,T \qquad (3-11e)$$

$$x_{jt}^+ \geqslant x_{jtopt}^-, j=j_1+1, j_1+2, \cdots, n_1; t=1,2,\cdots,T \qquad (3-11f)$$

$$y_{jth}^+ \geqslant y_{jthopt}^-, j=1,2,\cdots,j_2; t=1,2,\cdots,T; h=1,2,\cdots,H_t$$

$$(3-11g)$$

$$0 \leqslant y_{jth}^- \leqslant y_{jthopt}^+, j=j_2+1, j_2+2, \cdots, n_2;$$

$$t=1,2,\cdots,T; h=1,2,\cdots,H_t \qquad (3-11h)$$

其中，$x_{jtopt}^-(j=1,2,\cdots,j_1)$、$x_{jtopt}^+(j=j_1+1, j_1+2, \cdots, n_1)$、$y_{jthopt}^+$ $(j=1,2,\cdots,j_2$ 且 $h=1,2,\cdots,H_t)$ 和 $y_{jthopt}^-(j=j_2+1, j_2+2, \cdots, n_2$ 且 $h=1,2,\cdots,H_t)$ 的解可由模型（3-11）求得。因此，结合模型（3-10）和模型（3-11）的求解结果，MSICCP模型的最优解如下：

$$x_{jtopt}^\pm = [x_{jtopt}^-, x_{jtopt}^+], \forall j; t=1,2,\cdots,T \qquad (3-12a)$$

$$y_{jthopt}^\pm = [y_{jthopt}^-, y_{jthopt}^+], \forall j; t=1,2,\cdots,T; h=1,2,\cdots,H_t$$

$$(3-12b)$$

$$f_{opt}^\pm = [f_{opt}^-, f_{opt}^+] \qquad (3-12c)$$

<h2>三、案例研究</h2>

<h3>（一）案例概述</h3>

本章的案例研究考虑一座生物质—生活垃圾发电厂负责为三个区域供电。案例的规划期为一年，分为四个时期，分别对应春、夏、秋、冬四个季节。研究的问题可以概括为：规划期内如何在环境保护的约束下使该发电厂的发电成本最小化。规划开始之前，考虑到终端用户的电力需求量可能存在一定的波动，预先承诺给终端用户提供一定数量的电力。进入规划期后，如果该电厂的实际发电量大于等于预先承诺的电量，终端用户的电力需求得到满足，那么将会促进当地经济的发展；如果该电厂的实际发电量小于预先承诺的电量，终端用户的电力需求得不到满足，那么将会给当地经济带来一定的惩罚（Xie 等，2010）。

图 3-2 为本章案例的研究系统示意图。整体上说，该示意图主要包括两种能源资源和两种发电方式，同时涵盖终端用户的电力需求活动以及发电原料的运输和储存等。此外，研究系统还涉及多种不确定影响因子和复杂过程，如系统的经济成本、污染物的排放以及能源加工转换、电力供需过程等，给决策者的决策过程增加了一定的难度。

需要特别说明的是，该案例考虑的三个区域位于我国北方地区某粮食主产区，因而生物质资源的储量比较丰富，其中以农业废弃物为主（夏季主要是小麦秸秆，秋季主要是玉米和棉花秸秆）。与传统化石燃料相比，农业秸秆燃烧过程中大气污染物（SO_2、NO_x、烟尘等）的排放量较低，因此利用生物质发电不但可以减少污染物的排放，而且可以促进当地社会经济的可持续发展。然而，前面也提到过，生物质资源的可利用量会随着季节的变化而产生明显波动。这就意味着该电厂整个规划期内不可能一直从周边地区收购生物质原料。另外，由于生物质原料普遍具有低密度的特点，因此需要较大的储存空间。鉴于此，为保证该电厂冬季和春季的正常生产，该案例中考虑新建若干仓库来储存收购的农业秸秆。此外，为便于农业秸秆的转运和临时储存，临时收购点、中转站等基础设施的建造也在本案例的考虑范围之内。同时，仓库、中转站等必须具备防水、防火等功能（Zhao 和 Yan，2012）。

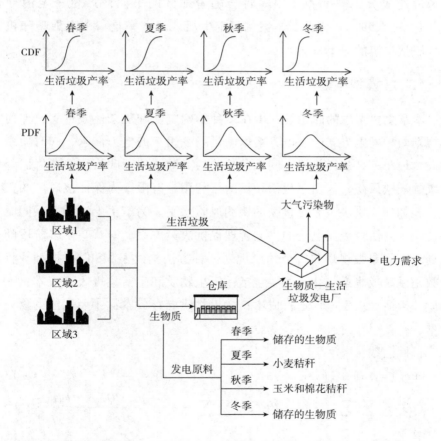

图 3 - 2　生物质—生活垃圾发电厂框架

不仅如此，为降低由生物质资源短缺可能导致的电厂停产风险，本案例考虑引入生活垃圾焚烧发电并将其作为备用电源。然而，生活垃圾焚烧发电过程会产生多种污染物，如重金属、酸性气体（SO_2、NO_X 等）、颗粒物、有机物等，继而会导致土壤酸化、光化学烟雾、臭氧污染等，严重危害大气环境和人类健康（Kuo 等，2011）。本案例参考相关资料，着重考虑了烟尘、SO_2、NO_X 和 HCl 这四种污染物（杜维鲁，2009；Zhao 等，2012）。另外，由于受各地区社会经济水平、天气条件等因素的影响，生活垃圾的成分、密度和产率等将会随着地区的不同而产生一定的变化（Qdais 等，1997）。因此，本案例假定生活垃圾产率是一个离散型随机变量，服从一定的概率分布。

（二）模型构建

本章主要考虑的问题是：①在多种不确定性和复杂性条件下，如何合理规划两种发电方式的发电方案以满足终端用户的电力需求，同时使系统的成本最小；②怎样将研究问题和相关的能源及环境政策统筹考虑以降低系统的失败风险；③由于生活垃圾的可利用量有限，为保证该电厂的正常运行，如何识别决策者可接受的违约风险水平。为解决上述问题，同时为生物质—生活垃圾发电厂的供电管理提供决策方案，本章基于多阶段随机规划、区间参数规划和机会约束规划三种方法构建了 MSICCP 模型。目标函数是系统成本最小化，主要包括：①生物质和生活垃圾收购成本；②生物质—生活垃圾发电厂运行成本；③生物质储存成本；④大气污染物处理成本。

目标函数：

$$\min f^{\pm} = (a) + (b) + (c) + (d) \tag{3-13a}$$

$$(a) = \sum_{t=1}^{T} \sum_{h=1}^{H_t} p_{th} \cdot q_{th}^{\pm} \cdot PC_t^{\pm} + \sum_{t=1}^{T} \sum_{h=1}^{H_t} \frac{(W_{1t}^{\pm} + p_{th} \cdot Q_{1th}^{\pm}) \cdot FE_{1t}^{\pm}}{HE_{1t}^{\pm}} \cdot PW_t^{\pm} \tag{3-13b}$$

$$(b) = \sum_{k=1}^{K} \sum_{t=1}^{T} W_{kt}^{\pm} \cdot PP_{kt}^{\pm} + \sum_{k=1}^{K} \sum_{t=1}^{T} \sum_{h=1}^{H_t} p_{th} \cdot Q_{kth}^{\pm} \cdot PV_{kt}^{\pm} \tag{3-13c}$$

$$(c) = \sum_{t=1}^{T} \sum_{h=1}^{H_t} p_{th} \cdot ABA_{th}^{\pm} \cdot SC_t^{\pm} \tag{3-13d}$$

$$(d) = \sum_{k=1}^{K} \sum_{t=1}^{T} \sum_{h=1}^{H_t} \sum_{r=1}^{R} (W_{kt}^{\pm} + p_{th} \cdot Q_{kth}^{\pm}) \cdot \eta_{kr}^{\pm} \cdot \zeta_{kr}^{\pm} \cdot PTC_{rt}^{\pm} \tag{3-13e}$$

约束条件：

$$\Pr\left[\frac{(W_{kt}^{\pm} + Q_{kth}^{\pm}) \cdot FE_{kt}^{\pm}}{HE_{kt}^{\pm}} \leq \mu \cdot Z \cdot \omega_t\right] \geq 1 - b_i, \quad \forall t, h; \ k = 1 \tag{3-13f}$$

［生活垃圾可利用量约束］

$$ABA_{th}^{\pm} = q_{th}^{\pm} - \frac{(W_{kt}^{\pm} + Q_{kth}^{\pm}) \cdot FE_{kt}^{\pm}}{HE_{kt}^{\pm}}, \quad \forall h; \ t = 1, \ k = 2 \tag{3-13g}$$

$$ABA_{th}^{\pm} = ABA_{(t-1)h}^{\pm} + q_{th}^{\pm} - \frac{[W_{kt}^{\pm} + Q_{kth}^{\pm}] \cdot FE_{kt}^{\pm}}{HE_{kt}^{\pm}}, \quad \forall h, \ t \geq 2; \ k = 2$$

$$\tag{3-13h}$$

［物料平衡约束］

$$\sum_{k=1}^{K} (W_{kt}^{\pm} + Q_{kth}^{\pm}) \cdot \eta_{kr}^{\pm} \cdot (1 - \zeta_{kr}^{\pm}) \leq TPD_{rt}^{\pm}, \forall t, h, r \tag{3-13i}$$

［环境约束］

$$\sum_{k=1}^{K} (W_{kt}^{\pm} + Q_{kth}^{\pm}) \geq D_t^{\pm}, \forall t, h \tag{3-13j}$$

［电力需求量约束］

约束模型（3-13f）可以通过引入累计概率分布函数等价转化为如下形式：

$$\frac{(W_{kt}^{\pm} + Q_{kth}^{\pm}) \cdot FE_{kt}^{\pm}}{HE_{kt}^{\pm}} \leq SW_t^{(b_i)}, \quad \forall t, h; \ k = 1 \tag{3-13k}$$

模型（3-13）中变量及参数的详细含义如下：

$f^{\pm}$ 表示系统成本(元)；

p_{th} 表示 t 时期 h 情景下生物质资源可利用量的概率水平；

$q_{th}^{\pm}$ 表示 t 时期 h 情景下生物质资源的供应量(10^3 吨)；

$PC_t^{\pm}$ 表示 t 时期生物质资源运输成本(元/吨)；

$W_{kt}^{\pm}$ 表示 t 时期 k 发电机组的目标发电量(吉瓦时)，其中 $k = 1$ 代表生活垃圾焚烧发电机组，$k=2$ 代表生物质发电机组；

$Q_{kth}^{\pm}$ 表示 t 时期 k 发电机组的缺失发电量（吉瓦时）；

$FE_{kt}^{\pm}$ 表示单位转换系数（10^9 千焦/吉瓦时）；

$HE_{kt}^{\pm}$ 表示 t 时期 k 发电机组对应的发电原料的热值（10^6 千焦/吨）；

$PW_t^{\pm}$ 表示 t 时期生活垃圾的运输成本（元/吨）；

$PP_{kt}^{\pm}$ 表示 t 时期 k 发电机组的常规发电成本（10^6 元/吉瓦时）；

$PV_{kt}^{\pm}$ 表示 t 时期 k 发电机组的惩罚发电成本（10^6 元/吉瓦时）；

$ABA_{th}^{\pm}$ 表示 t 时期 h 情景下生物质的储存量（10^3 吨）；

$SC_t^{\pm}$ 表示 t 时期生物质的储存成本（元/吨）；

$\eta_{kr}^{\pm}$ 表示 k 发电机组 r 污染物的排放强度（吨/吉瓦时），其中 $r=1$ 代表烟尘，$r=2$ 代表 SO_2，$r=3$ 代表 NO_x，$r=4$ 代表 HCl；

$\zeta_{kr}^{\pm}$ 表示 k 发电机组 r 污染物的去除效率（%）；

$PTC_{rt}^{\pm}$ 表示 t 时期 r 污染物的去除成本（元/吨）；

μ 表示生活垃圾焚烧处理比例（%）；

Z 表示案例中三个地区的常住人口总量（人）；

ω_t 表示 t 时期三个地区的人均生活垃圾产率（%）；

b_i 表示违约概率（%）；

$TPD_{rt}^{\pm}$ 表示 t 时期 r 污染物的允许排放量（吨）；

$D_t^{\pm}$ 表示 t 时期终端用户的电力需求总量（吉瓦时）；

SW_t 表示 t 时期生活垃圾的可利用量（10^3 吨）。

（三）数据收集

案例研究所需的数据主要参考相关的统计报告、政策规划以及其他的案例研究和文献等。表 3-1 为规划期内不同概率水平下三个区域的生物质资源可利用量。规划期内生物质和生活垃圾焚烧发电机组的目标发电量以及终端用户的电力需求量如表 3-2 所示。表 3-3 为规划期内不同违约概率（b_i）下生活垃圾的可利用量。对案例中的 3 个区域来说，如果该电厂的供电量不能满足终端用户的电力需求，决策者就需要临时以较高的价格购买更多的发电原料，试图通过额外发电的方式满足电力缺口。由此增加的发电成本就是惩罚成本。表 3 – 4 为该电厂发电过程的常规发电成本和惩罚发电成本。

表 3 – 1 规划期内生物质资源的可利用量

水平	概率	生物质资源的可利用量 $q_{th}^{\pm}$ （10^3 吨）			
		$t=1$	$t=2$	$t=3$	$t=4$
L	0.2	[25.0, 30.0]	[30.0, 35.0]	[35.0, 40.0]	—
M	0.6	[25.0, 30.0]	[35.0, 40.0]	[40.0, 45.0]	—
H	0.2	[25.0, 30.0]	[40.0, 45.0]	[45.0, 50.0]	—

表 3 – 2 发电机组的目标发电量和终端用户的电力需求量

单位：吉瓦时

指标	b_i	时期			
		$t=1$	$t=2$	$t=3$	$t=4$
$W_{1t}^{\pm}$（生活垃圾）	0.01	[85.00, 95.00]	[90.00, 100.00]	[85.00, 95.00]	[70.00, 80.00]
	0.05	[87.50, 97.50]	[92.50, 102.50]	[87.50, 97.50]	[72.50, 82.50]
	0.1	[90.00, 100.00]	[95.00, 105.00]	[90.00, 100.00]	[75.00, 85.00]
	0.2	[92.50, 102.50]	[97.50, 107.50]	[92.50, 102.50]	[77.50, 87.50]
$W_{2t}^{\pm}$（生物质）		[94.00, 100.00]	[100.00, 120.00]	[95.00, 100.00]	[100.00, 120.00]
电力需求量 $D_t^{\pm}$		[247.74, 258.50]	[292.25, 305.68]	[275.00, 275.40]	[255.14, 263.64]

表 3 – 3 不同违约概率（b_i）下生活垃圾的可利用量　单位：10^3 吨

时期	b_i												
	0.01	0.05	0.1	0.2	0.3	0.4	0.5	0.6	0.7	0.8	0.9	0.95	0.99
$t=1$	110.1	112.6	115.1	117.8	120.5	123.4	126.5	129.8	133.3	136.2	138.1	139.8	141.1
$t=2$	145.6	148.1	150.6	153.1	156.6	160.3	164.2	167.9	171.4	174.7	176.7	178.2	179.4
$t=3$	122.3	124.8	127.3	129.3	132.5	135.4	138.5	141.8	144.7	147.4	148.9	150.2	151.3
$t=4$	113.5	116.0	118.5	121.0	123.3	125.4	127.3	129.0	130.5	131.8	132.9	133.9	133.8

表 3 - 4　电力生产的常规和惩罚发电成本

	$t = 1$	$t = 2$	$t = 3$	$t = 4$
电力生产的常规发电成本 $PP_{kt}^{\pm}$ （10^6 元/吉瓦时）				
$k = 1$	[0.20, 0.30]	[0.38, 0.48]	[0.30, 0.40]	[0.29, 0.39]
$k = 2$	[0.35, 0.43]	[0.50, 0.55]	[0.40, 0.45]	[0.42, 0.49]
电力生产的惩罚发电成本 $PV_{kt}^{\pm}$ （10^6 元/吉瓦时）				
$k = 1$	[0.28, 0.48]	[0.53, 0.63]	[0.36, 0.55]	[0.47, 0.74]
$k = 2$	[0.50, 0.65]	[0.70, 0.80]	[0.46, 0.76]	[0.60, 0.86]

四、结果分析与讨论

本章构建的 MSICCP 模型的目标是使研究系统在规划期内达到成本最小化。模型的最优解能够将既定的能源环境政策与其经济影响（如不合理的政策可能会带来损失或惩罚）紧密结合。此外，求解结果包含确定值、区间值和概率分布信息等，充分反映了模型中存在的多种形式的不确定性（Li 等，2006）。具体来说，模型的区间解可以帮助决策者获得多种决策方案，同时让决策者在系统成本和违约风险之间做深度的权衡分析。特别地，离散型随机变量的求解结果主要涉及最优目标发电量、缺失发电量和生物质储存量等。

图 3 - 3 为生物质和生活垃圾焚烧发电机组的最优目标发电量（以 $b_i =$ 0.01 为例）。由结果可知，第 1 时期到第 4 时期生物质发电机组的最优目标发电量分别为 94.00 吉瓦时、120.00 吉瓦时、95.06 吉瓦时和 115.14 吉瓦时；而生活垃圾焚烧发电机组的最优目标发电量分别为 95.00 吉瓦时、100.00 吉瓦时、89.97 吉瓦时和 70.00 吉瓦时。显然，从第 2 时期开始生活垃圾发电量下降趋势比较明显。这主要是由于所构建的 MSICCP 模

型中增加了大气污染物排放控制约束，而生活垃圾焚烧发电将会产生较多的 SO_2、NO_x 和 HCl 等污染物。此外，如图 3 – 3 所示，相对于生活垃圾焚烧发电，生物质发电是主要的供电方式，主要原因是其污染物排放量较低。另外，由表 3 – 2 可知，第 1 时期和第 2 时期内生活垃圾焚烧发电机组的最优目标发电量将接近其目标发电量的上限，第 4 时期内将接近其目标发电量的下限。而对于生物质发电机组来说，第 1 时期和第 2 时期内其最优目标发电量将分别接近其目标发电量的上限和下限。

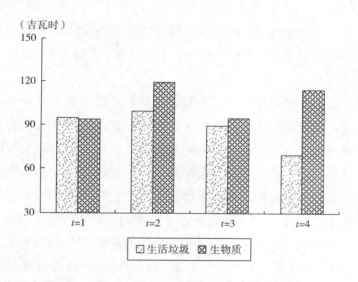

图 3 – 3　规划期内各发电机组的最优目标发电量

　　规划期内 22 种情景下生物质储存量的变化趋势如图 3 – 4 所示（以 $b_i = 0.01$ 为例）。一般来说，生物质发电厂需要收购足够的生物质原料以维持其正常的生产运行。此外，对生物质发电厂来说，为应对可能出现的电力供需波动、生物质原料紧缺以及价格上涨等意外情况，其生物质原料的库存量必须维持在一定的水平。本案例中，在第 1 时期末的初始生物质资源水平（仅 1 种情景，概率为 1）下该电厂的生物质储存量为 [5.33，10.66] $\times 10^3$ 吨。在第 2 时期内，当生物质资源水平为低、中、高（概率分

别为0.2、0.6、0.2）时，该电厂的生物质储存量分别为［9.61，20.18］×
10^3 吨、［14.61，25.18］×10^3 吨、［19.61，30.18］×10^3 吨。当生物质
资源水平在第2时期内为低、高且在第3时期内为低、中、高（概率分别
为0.04、0.12、0.04）时，该电厂的生物质储存量将分别稳定在
［24.60，40.54］×10^3 吨、［44.60，60.54］×10^3 吨并保持不变；但当
生物质资源水平在第2时期内为中且在第3时期内为低、中、高（概率分
别为0.12、0.36、0.12）时，该电厂的生物质储存量将稳定在［34.60，
50.54］×10^3 吨。到了第4时期（冬季），由于不考虑生物质资源水平
（见表3－1），因此该时期内生物质储存量对应的情景及其概率与第3时期
相同，且分别稳定在［0.00，14.36］×10^3 吨、［20.00，34.36］×10^3
吨、［10.00，24.36］×10^3 吨。

显然，与第2时期和第3时期的优化结果相比，第1时期和第4时期
生物质的储存量较低。这主要有两个原因。一方面，第2时期和第3时期
内3个区域的小麦和玉米秸秆等生物质资源比较丰富，为该电厂储存生物
质提供了前提条件。相反，第1时期和第4时期内由于受季节的影响，生
物质原料的来源非常有限，因此要储存大量的生物质原料不太现实。另一
方面，如图3－3所示，第1时期和第4时期内生物质发电机组的发电量较
高，消耗了大量的生物质原料，导致生物质的储存量进一步降低。

图3－5为规划期内不同违约概率下生物质和生活垃圾焚烧发电机组
的最优目标发电量。由图可知，在同一时期内，随着 b_i 值的增加，生物质
发电量基本不变而生活垃圾焚烧发电量将呈现逐渐增加的趋势。以第2时
期为例，不同违约概率下生物质发电量将稳定在120.00吉瓦时；而对于
生活垃圾焚烧发电来说，当 b_i 值从0.01增加到0.2时，其发电量分别为
100.00吉瓦时、102.50吉瓦时、105.00吉瓦时和107.50吉瓦时。这主要
是由于生活垃圾的可获得量将随着 b_i 值的增加而增加（见表3－3）。然而，
也有一些例外情况。一是当 b_i 取0.01、0.05、0.1和0.2时，第3时期和
第4时期内生物质的发电量分别为95.06吉瓦时、100.00吉瓦时、100.00
吉瓦时、100.00吉瓦时和115.14吉瓦时、110.27吉瓦时、110.27吉瓦

时、110.27吉瓦时(见图3-5)。第3时期内波谷的出现主要是由生物质发电成本较高(见表3-4)导致的,而第4时期内出现波峰的主要原因是生

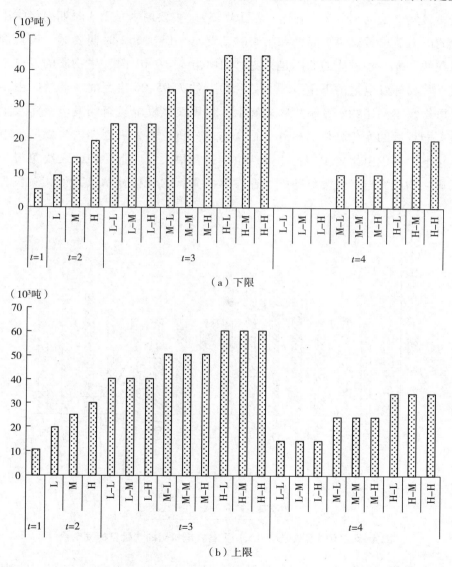

（a）下限

（b）上限

图3-4　不同情景下生物质的储存量

活垃圾焚烧发电量为 70.00 吉瓦时，几乎接近其目标发电量的下限（见表 3 −2）。二是在第 3 时期内，当 b_i 取 0.01 时生活垃圾焚烧发电量将达到峰值，且发电量为 89.97 吉瓦时（见图 3−5）。主要原因是第 3 时期内终端用户的电力需求量比第 1 时期和第 4 时期要高，但比第 2 时期要低。该特例出现的另外一种可能的原因是第 3 时期内当 b_i = 0.01 时，生物质的发电量接近其目标发电量的下限（见表 3−2），约为 95.06 吉瓦时。此外，由结果可知，不同违约概率下生物质和生活垃圾焚烧发电机组的发电量将会呈现不同程度的变化趋势。另外，结合前述分析可知，规划期内生物质发电在该电厂的供电规划中占据主导地位。这在很大程度上要归因于决策者为促进生物质发电产业的健康、快速发展而实行的价格补贴及其他相关优惠政策。

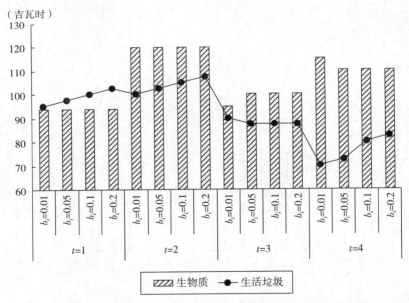

图 3−5　不同违约概率（b_i）下各发电机组的最优目标发电量

如果规划的目标发电量不能满足终端用户的电力需求，该电厂就需要额外发电（缺失发电量）以弥补电力缺口。整体上来说，该案例中不同情景下两种发电方式的缺失发电量呈现不同的变化趋势。例如，当 b_i 取 0.01

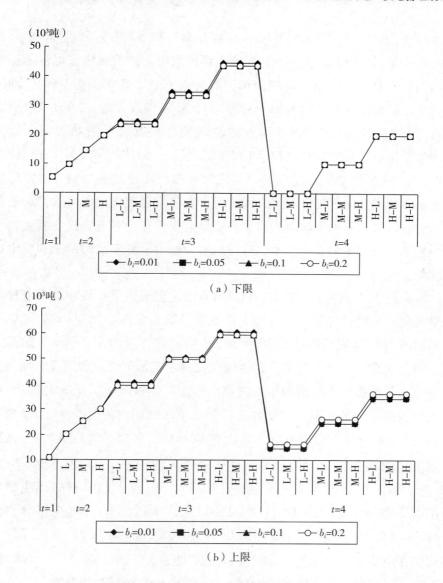

图 3-6 不同违约概率 (b_i) 和情景下生物质的储存量

时, 4 个时期内生物质和生活垃圾焚烧发电机组的缺失发电量分别为 0 吉瓦时、0 吉瓦时、[0, 0.40] 吉瓦时、[0, 8.50] 吉瓦时和 [58.74,

69.50]吉瓦时、[72.25,85.68]吉瓦时、89.97吉瓦时、70.00吉瓦时。此外,同一时期内不同违约概率下两种发电方式的缺失发电量也呈现不同的波动趋势。以第4时期为例,当b_i取0.01、0.05、0.1和0.2时,生物质发电机组的缺失发电量分别为[0,8.50]吉瓦时、[0,8.37]吉瓦时、0吉瓦时、0吉瓦时,而生活垃圾焚烧发电机组的缺失发电量为70.00吉瓦时、[72.37,72.50]吉瓦时、[64.87,73.37]吉瓦时、[62.37,70.87]吉瓦时。另外,由结果可知,规划期内当预先制定的发电方案不能满足终端用户的电力需求时,生活垃圾焚烧发电将被作为追索行动的首选来弥补电力缺口,而生物质发电仅仅作为补充。这主要是由于生活垃圾焚烧发电的投资成本、运行成本和电力供应不足时的惩罚发电成本较低。

本案例中,建造仓库储存生物质的目的是保证该电厂一年四季有序和正常地生产,同时可以全力应对一些意外情况的发生。图3-6为该电厂规划期内当b_i取值不同时22种情景下生物质储存量的变化情况。结果表明:随着b_i值的增加,该电厂的生物质储存量在第1时期和第2时期内保持不变,并且在第3时期和第4时期内亦无明显波动。以第3时期为例,当生物质资源水平在第2时期内为低且在第3时期内为低、中、高(概率分别为0.04、0.12、0.04)时,对应b_i取0.01、0.05、0.1和0.2,该电厂的生物质储存量分别为[24.60,40.54]$\times 10^3$吨、[23.56,39.52]$\times 10^3$吨、[23.56,39.52]$\times 10^3$吨和[23.56,39.52]$\times 10^3$吨;当生物质资源水平在第2时期内为中且在第3时期内为低、中、高(概率分别为0.12、0.36、0.12)时,对应b_i取0.01、0.05、0.1和0.2,该电厂的生物质储存量分别为[34.60,50.54]$\times 10^3$吨、[33.56,49.52]$\times 10^3$吨、[33.56,49.52]$\times 10^3$吨和[33.56,49.52]$\times 10^3$吨;当生物质资源水平在第2时期内为高且在第3时期内为低、中、高(概率分别为0.04、0.12、0.04)时,对应b_i取0.01、0.05、0.1和0.2,该电厂的生物质储存量分别为[44.60,60.54]$\times 10^3$吨、[43.56,59.52]$\times 10^3$吨、[43.56,59.52]$\times 10^3$吨和[43.56,59.52]$\times 10^3$吨。

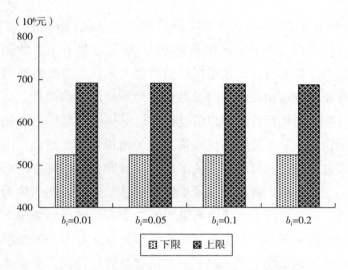

图 3 − 7　不同违约概率（b_i）下的系统总成本

　　规划期内不同违约概率下系统的成本如图 3 − 7 所示，其主要包括发电原料供应成本、生物质储存成本、发电成本和污染物处理设备的运行成本等。由结果可知，当 b_i 取 0.01、0.05、0.1 和 0.2 时，系统的成本分别为 $[525.00, 692.74] \times 10^6$ 元、$[524.72, 692.25] \times 10^6$ 元、$[524.86, 690.62] \times 10^6$ 元和 $[524.64, 689.83] \times 10^6$ 元。显然，随着 b_i 取值的增加，系统成本呈缓慢下降的趋势。主要原因是随着违约概率水平的增加，各个时期内生物质发电机组的缺失发电量下降趋势明显（特别是第 4 时期），导致生物质发电的主导地位逐渐被常规和惩罚发电成本较低的生活垃圾焚烧发电取代。

五、本章小结

　　基于多阶段随机规划（MSP）、区间参数规划（IPP）和机会约束规划

（CCP）的耦合方法，本章构建了一个区间多阶段随机机会约束规划（MSICCP）模型以为不确定条件下生物质—生活垃圾发电厂的供电管理规划提供有效的决策支持。该模型提供的多发电方式、多阶段和多选择的决策环境包含概率分布函数和区间参数等多种形式的不确定性。此外，当预设的发电目标不能满足终端用户的电力需求时，该模型可以对相关经济活动进行追索以纠正某些能源环境政策存在的错误。不仅如此，由于生物质资源的季节波动性以及可利用量的不确定性可能会对相应发电机组的正常运行产生一定的影响，因此模型通过设定一系列有代表性的情景将其纳入考量。另外，模型通过引入机会约束规划方法将不同违约概率下生活垃圾的获得量纳入决策过程。当生活垃圾的可利用量一定时，模型的求解结果可以验证不同违约概率下相关决策方案的有效性。特别需要指出的是，基于不同违约概率下的模型的区间解，决策者可以获得多种决策方案，进而在系统成本和系统违约风险之间做全面的权衡分析。

本章构建的 MSICCP 模型被应用到一个生物质—生活垃圾发电厂的供电管理规划中。通过求解该模型，可以获得包含确定值、区间值和概率分布信息的稳定解，从侧面反映了系统中存在的多重不确定性。尽管这是首次将多阶段随机规划、区间参数规划和机会约束规划 3 种方法耦合以规划管理生物质和生活垃圾的联合供电过程，但是结果表明该方法比较有效，并且可以将其应用到其他规划周期较长且包含多重不确定性的环境问题的管理中。此外，有必要考虑将其他规划技术或方法（模糊规划、动态规划等）与 MSICCP 模型结合以处理更加复杂的问题。

第四章

基于区间固定组合模糊—随机规划方法的风电供热系统供热管理规划

一、引 言

近年来，CO_2 排放、气候变化、油价上涨及能源安全等问题受到世界各国的普遍关注，为风电在世界范围内的快速发展奠定了坚实的基础（Daim 等，2012）。自从我国于 2005 年颁布《可再生能源法》以来，每年的风电新增装机容量大约增长 1 倍。截止到 2010 年，我国风电累计装机容量达 44 吉瓦，从而超越美国，位居世界第一（Zhao 等，2014；Yuan 等，2015）。"十二五"规划期间，我国的风电产业将继续保持"十一五"规划以来的高增长速度。"十二五"末，我国风电累计装机容量达到 130 吉瓦（Tan 等，2013）。

然而，我国的风能资源主要分布在"三北"（西北、华北和东北）地区。由于这些地区普遍存在着人口稀少、经济发展程度不高的特点，因此其风电就地消纳能力不高（Li 等，2012）。大部分的风电需要输送到东部和东南沿海等经济发达地区。这给本就不完善的电网基础设施带来了极大的挑战，进而可能导致电网阻塞（Liao 等，2010；Liu 和 Kokko，2010；

Zhang 和 Li，2012）。

此外，在我国北方地区供暖期间，为了不影响供热，热电联产（CHP）机组需优先运行。因此，火电调峰容量和系统平衡调度空间被进一步压缩（Zhao 等，2012）。这些因素最终导致了一个严峻问题：弃风限电。以 2011 年为例，全年全国风电平均弃风率为 12%，弃风电量约为 100 亿千瓦时。到 2012 年，由于电网建设发展速度依旧严重滞后于风电装机容量增长速度，弃风限电问题进一步加剧。同时，弃风电量也高达约 200 亿千瓦时。虽然 2013 年我国风电产业发展势头有所放缓，但是弃风电量并没有明显下降趋势，依旧高达 162 亿千瓦时。解决弃风限电问题，降低弃风率刻不容缓。

为了提高我国风能资源丰富地区的风电就地消纳能力，进一步降低弃风率，国家能源局致力于在条件合适的地区推广风电供热项目。2013 年，国家能源局发布关于开展风电清洁供暖工作的通知，要求吉林、河北、山西、黑龙江、辽宁、内蒙古以及新疆的有关部门开始部署风电供热技术的试点工作（国家能源局，2013）。同时，鼓励新建建筑优先采用风电清洁供热技术。然而，由于风具有间歇性、不可预测性、波动性等特点，风力发电对供热过程的持续性有一定的负面影响，进而会对风电供热系统的运行稳定性带来重大挑战（Xydis，2013；Świerczyński，2010）。因此，对于风电供热系统来说，行之有效的供热管理方法不可或缺。

在之前的研究中，国内外相关学者针对风电消纳问题开发了一系列优化方法，但是大部分方法主要侧重解决风电的并网和调度问题，以及利用储能技术提高风电消纳量（Hu 等，2011）。例如，Ochoa 等（2008）基于非支配排序遗传算法（NSGA）开发了一个多目标规划方法，并将其应用于一个中压配电网以在满足电压和温度的限制条件下研究分布式风力发电（DWPG）并网最大化的配置方案。Zha 等（2011）基于风电功率预测提出了一个可行的求解方法，并构建了 2 个机组组合和动态优化调度的数学模型以解决电网调度困难的问题。Wang 和 Yu（2012）构建了一个优化模型用于确定压缩空气储能（CAES）系统的额定功率和容量，研究中涉及的储能技术具有成熟、可靠、容量大的特点，在适应高风电渗透率电网方面具有独特优势和较大潜力。Fitzgerald 等（2012）采用了一个电动水加热模型以探究电动水加热转换为智能响应代理的潜力。该智能响应代理能够降低电力消耗量和峰值需求量，并可以提供一定的平衡负载以协助风电并网。换句话说，很少有学者针对风电供热系统的供热管理决策开展研究。

事实上，风电供热系统存在着大量的不确定性因素，如风速波动导致的风机出力变化、系统工况的动态变化以及相关经济和技术参数数据无法获取等，需要决策者慎重考虑。此外，供热管理涉及的许多复杂过程如转换/处理、储存/输送以及热力供需等进一步增加了决策的难度。风电供热系统规划和管理中存在的上述不确定性和复杂性已经超出了确定性优化方法的处理范畴（Li 和 Huang，2012）。因此，有必要开发鲁棒性更强的优化方法以处理风电供热系统中的多重复杂性和不确定性。

一般来说，区间参数规划（IPP）可以处理模型左手/右手边以及目标函数中存在的以区间形式表征的不确定性，但对以概率分布形式表征的不确定性无能为力（Huang，1996；Huang 和 Cao，2011）；固定组合随机规划（Interval Fixed – mix Stochastic Programming，IFSP）方法可以有效地处理模型右手边表征为概率分布形式的不确定性，但确定参数的概率分布函数需要以大量统计数据为前提，这在一定程度上会影响该方法的适用范围（Xie 等，2010）；基于模糊集合理论，模糊数学规划（FMP）可以处理含糊不清、模棱两可的不确定性参数而不需要大量的统计数据，但该方法主要的缺陷是不能处理非模糊决策空间内以概率分布形式表征的不确定性（Li 等，2009）。

上述不确定性优化方法可以分别处理以区间数、随机变量和模糊集合形式表征的不确定性。然而，在风电供热系统的供热管理中，有些参数和变量可能仅仅表征为区间数，但其他参数和变量也许具有一定的随机性或模糊性。因此，在多重不确定性和复杂性条件下，如果风电供热系统的供热管理仅仅采用单一的优化方法，那么由于对不确定性问题采取了过分简化处理，由此得到的优化结果的鲁棒性可能在一定程度上受到影响（Li

等，2009）。

因此，本章的目标是构建一个区间固定组合模糊—随机规划（IFFSP）模型，并将其应用于一个实际的风电供热项目管理中以获得不确定条件下期望的供热管理策略。这是首次将区间参数规划、固定组合随机规划和模糊数学规划3种规划方法耦合到多阶段框架中以有效处理供热管理过程中存在的以区间数、随机变量和模糊集合等多种形式表征的不确定性。案例研究采用的是一个实际的风电供热项目，用于验证IFFSP模型能否为不确定条件下风电供热系统的管理规划提供决策支持。此外，探究风电供热项目在提高风电就地消纳和降低弃风率方面的可行性和有效性也是本章的重要目标之一，而这可以为风电供热项目的管理者提供参考，也可以为风电供热的合理发展提供数据支持。

二、研究方法

（一）区间固定组合随机规划

一般而言，电力系统规划问题通常涉及多个时期（具有动态特征），且系统中存在的不确定性通常表征为概率分布已知的随机变量（Li 和 Huang，2012）。因此，不同概率水平下每个时期都需要做出相应的决策。为了处理上述的动态特征，许多多阶段随机规划方法被拓展为动态随机优化方法（Takriti 等，1996；Spangardt 等，2006；Nolde 等，2008）。作为多阶段随机规划方法的一种，固定组合随机规划基于不断调整的简单决策原则，允许每个时期根据实际情况对相关决策进行修正（Fleten 等，2000）。图4-1为固定组合随机规划方法的情景树结构，其中不确定性以情景的形式表征，节点代表决策方案。可追索的固定组合随机规划（IFSP）模型如下：

目标函数：

$$\max f = \sum_{t=1}^{T} \left(\sum_{j=1}^{n_1} c_{jt}x_{jt} - \sum_{j=1}^{n_2} \sum_{h=1}^{H_t} p_{th}d_{jt}y_{jth} \right) \qquad (4-1a)$$

约束条件：

$$\sum_{j=1}^{n_1} a_{rjt}x_{jt} \leqslant b_{rt}, r = 1,2,\cdots,m_1; t = 1,2,\cdots,T \qquad (4-1b)$$

$$\sum_{j=1}^{n_1} a_{ijt}x_{jt} + \sum_{j=1}^{n_2} a'_{ijt}y_{jth} \leqslant \hat{w}_{ith},$$

$$i = 1,2,\cdots,m_2; t = 1,2,\cdots,T; h = 1,2,\cdots,H_t \qquad (4-1c)$$

$$x_{jt} \geqslant 0, j = 1, 2, \cdots, n_1; t = 1, 2, \cdots, T \qquad (4-1d)$$

$$y_{jth} \geqslant 0, j = 1, 2, \cdots, n_2; t = 1, 2, \cdots, T; h = 1, 2, \cdots, H_t$$

$$(4-1e)$$

其中，p_{th}是 t 时期情景 h 发生的概率，L、M 和 H 分别代表情景具有低、中、高概率水平。每个时期每个情景都对应着一个固定的概率水平 p_{th}（例如，$L-L-L-\cdots-L$），$p_{th} > 0$ 且 $\sum_{h=1}^{H_t} p_{th} = 1$。该方法的决策方案的动态性受 $p_{th} = p_{t-1,h}$ 和 $\lambda_t = \sum_{h=1}^{H_t} p_{th} \cdot \lambda_{th}$ 的限制。λ 表示使矩阵 $p = p_{th}$ 的固定组合策略（Fleten 等，2000；Evstigneev 和 Schenk – Hoppé，2009）。在模型（4-1）中，决策变量分为两个子集：x_{jt} 代表第一阶段决策变量，必须在随机事件发生之前做出决定；y_{jth} 代表随机事件发生之后做出的补偿追索。c_{jt} 和 d_{jth} 分别表示目标函数中 x_{jt} 和 y_{jth} 的系数；a_{rjt} 和 a_{ijt} 分别表示 r 和 i 约束中 x_{jt} 的系数；a'_{ijt} 表示 i 约束中 y_{jth} 的系数；b_{rt} 为 r 约束的功能参数；$\hat{w}_{ith}$ 表示概率为 p_{th} 的随机变量。

然而，当涉及发电规划问题时，我们常常会发现基于现有统计数据并不能获得参数的概率分布函数（Li 等，2010；Liu 等，2009）。此外，即使得到了某个参数的概率分布函数，但如果我们所构建模型的时间和空间尺度较小，得到的概率分布函数也并不适用（Huang 和 Loucks，2000）。基于以上考虑，为反映研究系统中存在的多重不确定性，区间参数规划被引入固定组合随机规划方法中，得到了区间固定组合随机规划模型：

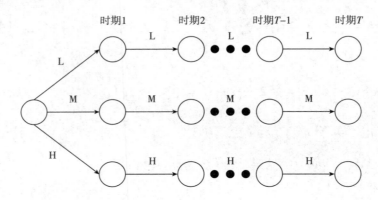

图 4-1　固定组合随机规划方法的情景树结构

目标函数：

$$\max f^{\pm} = \sum_{t=1}^{T} \left(\sum_{j=1}^{n_1} c_{jt}^{\pm} x_{jt}^{\pm} - \sum_{j=1}^{n_2} \sum_{h=1}^{H_t} p_{th} d_{jt}^{\pm} y_{jth}^{\pm} \right) \qquad (4-2a)$$

约束条件：

$$\sum_{j=1}^{n_1} a_{rjt}^{\pm} x_{jt}^{\pm} \leqslant b_{rt}^{\pm}, \quad r = 1, 2, \cdots, m_1; \quad t = 1, 2, \cdots, T \qquad (4-2b)$$

$$\sum_{j=1}^{n_1} a_{ijt}^{\pm} x_{jt}^{\pm} + \sum_{j=1}^{n_2} a'_{ijt}^{\pm} y_{jth}^{\pm} \leqslant \hat{w}_{ith}^{\pm},$$

$$i = 1, 2, \cdots, m_2; \quad t = 1, 2, \cdots, T; \quad h = 1, 2, \cdots, H_t \qquad (4-2c)$$

$$x_{jt}^{\pm} \geqslant 0, \quad j = 1, 2, \cdots, n_1; \quad t = 1, 2, \cdots, T \qquad (4-2d)$$

$$y_{jth}^{\pm} \geqslant 0, \quad j = 1, 2, \cdots, n_2; \quad t = 1, 2, \cdots, T; \quad h = 1, 2, \cdots, H_t$$

$$(4-2e)$$

其中，上标 - 和 + 分别代表一个区间参数/变量的下限和上限；$x_{jt}^{\pm}$（$j = 1, 2, \cdots, j_1$）和 $x_{jt}^{\pm}$（$j = j_1 + 1, j_1 + 2, \cdots, n_1$）分别表示目标函数中系数为正和负的区间变量；$y_{jth}^{\pm}$（$j = 1, 2, \cdots, j_2$ 且 $h = 1, 2, \cdots, H_t$）与 $y_{jth}^{\pm}$（$j = j_2 + 1, j_2 + 2, \cdots, n_2$ 且 $h = 1, 2, \cdots, H_t$）分别表示目标函数中系数

为正和负的随机变量。

（二）模糊数学规划

在电力系统规划中，由于数据缺失或者获得数据的成本较高常常很难得到参数的概率分布函数（Li 等，2009）。此外，不确定性常常表现为获得的数据存在误差、时间和空间尺度的变化以及观测资料的不完整或不精确等（Freeze 等，1990）。在这种情况下，针对同一个问题，不同的决策者可能会有不同的主观判断，这就是我们常常说到的模糊性的概念。特别地，当需要处理机组组合或电力系统规划问题涉及的含糊不清、模棱两可的信息时，模糊数学规划具有独特的优势（Zhao 等，2013；Zhang 等，2015）。根据 Zimmermann（2001）提出的模糊理论，模糊参数的概率分布函数可以用模糊集合的形式表征。具体来说，设为三角模糊数，则可以定义其为一个三元组(a, δ, b)，如图 4 - 2 所示。

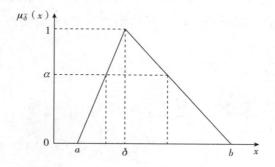

图 4 - 2　基于三角形隶属函数的模糊区间数

三角模糊数的隶属函数可以定义如下（Kauffman 和 Gupta，1991）：

$$\mu_{\tilde{\delta}}(x) = \begin{cases} 0, & x < a \quad 或 \quad x > b \\ \dfrac{x-a}{\delta-a}, & a \leqslant x \leqslant \delta \\ \dfrac{x-b}{\delta-b}, & \delta \leqslant x \leqslant b \end{cases} \qquad (4-3)$$

其中，a 和 $b(a, b \geqslant 0; a, b \in R)$ 分别表示三角模糊数的下界和上界。

而一个确定性的数$(\delta \in R)$也同样可以表示为一个三角模糊集$\tilde{\delta} = (0, \delta, 0)$（Cai 等，2009）。参数$\tilde{\delta}$的$\alpha$截集可以用一个闭合区间来表示：$\tilde{\delta}_{\alpha}^{\pm} = [(1-\alpha)a + \alpha\delta, (1-\alpha)b + \alpha\delta]$。$\alpha$截集表示模糊集中所有隶属度不低于$\alpha$的元素构成的普通集合，而$\alpha$也可以称作置信度或可信度（Zimmermann，2001）。它的值在 0 和 1 之间，可以根据经验判断预先设定。由图 4 - 2 可知，当三角模糊数取最乐观值时隶属度为 1，若取值超过三角模糊数的下界和上界时隶属度为 0（Li 等，2009）。

（三）区间固定组合模糊—随机规划

显然，模型（4 - 2）可以有效处理以概率分布函数和区间数形式表征的双重不确定性。但是如果模型的目标函数和约束条件中存在表示为模糊集合的参数，那么决策者就可能需要考虑引入新的规划方法。一种有效可行的途径是基于模糊数学规划和区间固定组合随机规划的耦合方法构建区间固定组合模糊—随机规划（IFFSP）模型以处理系统中存在的多重不确定性：

目标函数：

$$\max f^{\pm} = \sum_{t=1}^{T} \left(\sum_{j=1}^{n_1} c_{jt}^{\pm} x_{jt}^{\pm} - \sum_{j=1}^{n_2} \sum_{h=1}^{H_t} p_{th} d_{jt}^{\pm} y_{jth}^{\pm} \right) \tag{4-4a}$$

约束条件：

$$\sum_{j=1}^{n_1} a_{rjt}^{\pm} x_{jt}^{\pm} \leqslant b_{rt}^{\pm}, r = 1,2,\cdots,m_1; t = 1,2,\cdots,T \tag{4-4b}$$

$$\sum_{j=1}^{n_1} a_{ijt}^{\pm} x_{jt}^{\pm} + \sum_{j=1}^{n_2} a'_{ijt}^{\pm} y_{jth}^{\pm} \leqslant \hat{w}_{ith}^{\pm},$$
$$i = 1,2,\cdots,m_2; t = 1,2,\cdots,T; h = 1,2,\cdots,H_t \tag{4-4c}$$

$$\sum_{j=1}^{n_1} a_{sjt}^{\pm} x_{jt}^{\pm} + \sum_{j=1}^{n_2} a'_{sjt}^{\pm} y_{jth}^{\pm} \leqslant \tilde{b}_{st}^{a\pm},$$
$$s = 1, 2, \cdots, m_3; t = 1, 2, \cdots, T; h = 1, 2, \cdots, H_t \tag{4-4d}$$

$$x_{jt}^{\pm} \geqslant 0, j = 1, 2, \cdots, n_1; t = 1, 2, \cdots, T \tag{4-4e}$$

$$y_{jth}^{\pm} \geqslant 0, \ j = 1, \ 2, \ \cdots, \ n_2; \ t = 1, \ 2, \ \cdots, \ T; \ h = 1, \ 2, \ \cdots, \ H_t$$

$$(4-4f)$$

其中，$\widetilde{b}_{st}^{a\pm}$ 表示模糊参数的 α 截集；$a_{sjt}^{\pm}$ 和 $a'^{\pm}_{sjt}$ 分别表示 s 约束中 $x_{jt}^{\pm}$ 和 $y_{jth}^{\pm}$ 的系数。

根据 Huang 和 Loucks（2000）提出的交互式算法，IFFSP 模型可以转化为 2 个确定性的子模型：由于模型的目标函数是求最大值，因此首先拆分子模型 f^+；基于 f^+ 子模型的求解结果，再构建子模型 f^-。拆分得到的 f^+ 子模型如下：

目标函数：

$$\max f^+ = \sum_{t=1}^{T} \left(\sum_{j=1}^{j_1} c_{jt}^+ x_{jt}^+ + \sum_{j=j_1+1}^{n_1} c_{jt}^+ x_{jt}^- - \sum_{j=1}^{j_2} \sum_{h=1}^{H_t} p_{th} d_{jt}^- y_{jth}^- - \sum_{j=j_2+1}^{n_2} \sum_{h=1}^{H_t} p_{th} d_{jt}^- y_{jth}^+ \right)$$

$$(4-5a)$$

约束条件：

$$\sum_{j=1}^{j_1} a_{rjt}^- x_{jt}^+ + \sum_{j=j_1+1}^{n_1} a_{rjt}^- x_{jt}^- \leqslant b_{rt}^+, r = 1,2,\cdots,m_1; t = 1,2,\cdots,T \qquad (4-5b)$$

$$\sum_{j=1}^{j_1} a_{ijt}^- x_{jt}^+ + \sum_{j=j_1+1}^{n_1} a_{ijt}^- x_{jt}^- + \sum_{j=1}^{j_2} a'^-_{ijt} y_{jth}^- + \sum_{j=j_2+1}^{n_2} a'^-_{ijt} y_{jth}^+ \leqslant \hat{w}_{ith}^+,$$

$$i = 1, \ 2, \ \cdots, \ m_2; \ t = 1, \ 2, \ \cdots, \ T; \ h = 1, \ 2, \ \cdots, \ H_t \qquad (4-5c)$$

$$\sum_{j=1}^{j_1} a_{sjt}^- x_{jt}^+ + \sum_{j=j_1+1}^{n_1} a_{sjt}^- x_{jt}^- + \sum_{j=1}^{j_2} a'^-_{sjt} y_{jth}^- + \sum_{j=j_2+1}^{n_2} a'^-_{sjt} y_{jth}^+ \leqslant \widetilde{b}_{st}^{a+},$$

$$s = 1, \ 2, \ \cdots, \ m_3; \ t = 1, \ 2, \ \cdots, \ T; \ h = 1, \ 2, \ \cdots, \ H_t \qquad (4-5d)$$

$$x_{jt}^+ \geqslant 0, \ j = 1, \ 2, \ \cdots, \ j_1; \ t = 1, \ 2, \ \cdots, \ T \qquad (4-5e)$$

$$x_{jt}^- \geqslant 0, \ j = j_1+1, \ j_1+2, \ \cdots, \ n_1; \ t = 1, \ 2, \ \cdots, \ T \qquad (4-5f)$$

$$y_{jth}^- \geqslant 0, \ j = 1, \ 2, \ \cdots, \ j_2; \ t = 1, \ 2, \ \cdots, \ T; \ h = 1, \ 2, \ \cdots, \ H_t$$

$$(4-5g)$$

$$y_{jth}^+ \geqslant 0, \ j = j_2+1, \ j_2+2, \ \cdots, \ n_2; \ t = 1, \ 2, \ \cdots, \ T; \ h = 1, \ 2, \ \cdots, \ H_t$$

$$(4-5h)$$

其中，决策变量 x_{jtopt}^+（$j = 1, \ 2, \ \cdots, \ j_1$）、$x_{jtopt}^-$（$j = j_1+1, \ j_1+2, \ \cdots, \ n_1$）、

$y^-_{jthopt}(j=1,2,\cdots,j_2$ 且 $h=1,2,\cdots,H_t)$ 和 $y^+_{jthopt}(j=j_2+1,j_2+2,\cdots,n_2$ 且 $h=1,2,\cdots,H_t)$ 的解可由模型（4-5）求得。基于上述求解结果，f^- 子模型构建如下：

目标函数：

$$\max f^- = \sum_{t=1}^{T}\left(\sum_{j=1}^{j_1}c^-_{jt}x^+_{jt} + \sum_{j=j_1+1}^{n_1}c^-_{jt}x^-_{jt} - \sum_{j=1}^{j_2}\sum_{h=1}^{H_t}p_{th}d^+_{jt}y^-_{jth} - \sum_{j=j_2+1}^{n_2}\sum_{h=1}^{H_t}p_{th}d^+_{jt}y^+_{jth}\right)$$

$$(4-6a)$$

约束条件：

$$\sum_{j=1}^{j_1}a^+_{rjt}x^+_{jt} + \sum_{j=j_1+1}^{n_1}a^+_{rjt}x^-_{jt} \leqslant b^-_{rt}, r=1,2,\cdots,m_1; t=1,2,\cdots,T \qquad (4-6b)$$

$$\sum_{j=1}^{j_1}a^+_{ijt}x^+_{jt} + \sum_{j=j_1+1}^{n_1}a^+_{ijt}x^-_{jt} + \sum_{j=1}^{j_2}a'^+_{ijt}y^-_{jth} + \sum_{j=j_2+1}^{n_2}a'^+_{ijt}y^+_{jth} \leqslant \hat{w}^-_{ith}, i=1,2,\cdots,m_2;$$

$t=1,2,\cdots,T; h=1,2,\cdots,H_t$

$$(4-6c)$$

$$\sum_{j=1}^{j_1}a^+_{sjt}x^+_{jt} + \sum_{j=j_1+1}^{n_1}a^+_{sjt}x^-_{jt} + \sum_{j=1}^{j_2}a'^+_{sjt}y^-_{jth} + \sum_{j=j_2+1}^{n_2}a'^+_{sjt}y^+_{jth} \leqslant \tilde{b}^{a-}_{st}, s=1,2,\cdots,m_3;$$

$t=1,2,\cdots,T; h=1,2,\cdots,H_t$

$$(4-6d)$$

$$0 \leqslant x^-_{jt} \leqslant x^+_{jtopt}, j=1,2,\cdots,j_1; t=1,2,\cdots,T \qquad (4-6e)$$

$$x^+_{jt} \geqslant x^-_{jtopt}, j=j_1+1,j_1+2,\cdots,n_1; t=1,2,\cdots,T \qquad (4-6f)$$

$$y^+_{jth} \geqslant y^-_{jthopt}, j=1,2,\cdots,j_2; t=1,2,\cdots,T; h=1,2,\cdots,H_t \qquad (4-6g)$$

$$0 \leqslant y^-_{jth} \leqslant y^+_{jthopt}, j=j_2+1,j_2+2,\cdots,n_2; t=1,2,\cdots,T; h=1,2,\cdots,H_t$$

$$(4-6h)$$

其中，决策变量 $x^-_{jtopt}(j=1,2,\cdots,j_1)$、$x^+_{jtopt}(j=j_1+1,j_1+2,\cdots,n_1)$、$y^+_{jthopt}(j=1,2,\cdots,j_2$ 且 $h=1,2,\cdots,H_t)$ 和 $y^-_{jthopt}(j=j_2+1,j_2+2,\cdots,n_2$ 且 $h=1,2,\cdots,H_t)$ 的解可由模型（4-6）求得。因此，结合模型（4-5）和模型（4-6）的求解结果，IFFSP 模型的最优解如下：

$$x^{\pm}_{jtopt} = [x^-_{jtopt}, x^+_{jtopt}], \quad \forall j; t=1,2,\cdots,T \qquad (4-7a)$$

$$y^{\pm}_{jthopt} = [y^-_{jthopt}, y^+_{jthopt}], \quad \forall j; t=1,2,\cdots,T; h=1,2,\cdots,H_t \qquad (4-7b)$$

$$f^{\pm}_{opt} = [f^-_{opt}, f^+_{opt}] \qquad (4-7c)$$

三、案例研究

接下来，本节以风电供热系统的供热管理问题为例验证 IFFSP 模型的适用性。模型的求解结果不仅可以帮助决策者获得不确定条件下的最优供热管理策略，而且可以让决策者在经济目标与系统风险之间做充分的权衡。此外，探究风电供热项目在提高风电就地消纳和降低弃风率方面的可行性和有效性也是本节的研究重点。

（一）研究区域概述

大唐巴林左旗风电供热示范项目位于内蒙古赤峰市林东镇，是由大唐集团新能源股份有限公司筹建的，总投资额约 19.12×10^6 元（桑海洋，2017）。该风电供热示范项目的设计初衷是为该镇的一个新建小区供热，采用 6×2.16 兆瓦的电锅炉和 2×115 立方米的蓄热水罐，总供热面积约为 60×10^3 平方米。巴林左旗的供热周期是从每年的 10 月 15 日到次年的 4 月 15 日。根据电网调峰需求，本案例中电锅炉的运行时间是从每天 22：00 到次日 5：00。电锅炉在运行时，一方面要直接为小区供热，另一方面要在蓄热水罐蓄热以满足电锅炉停机时该小区的热力需求。本案例选取该地区 12 月典型的 1 天（22：00 到次日 22：00）为规划周期，时间间隔为 1 小时。

此外，本案例选取杨树沟风电场为该风电供热示范项目供电。杨树沟风电场位于赤峰市翁牛特旗，总面积约 23.4 平方千米，装有 33 台 1500 千瓦的风机（金风 77/1500），总装机容量为 49.5 兆瓦。翁牛特旗多年的气象资料显示，该地区是温带大陆性季风气候，年平均气温为 6.6℃，年降雨量为 354.8 毫米，冬季和春季的主导风向为西北风（赤峰市统计局，

2013；内蒙古自治区统计局，2014）。杨树沟风电场场内测风塔 70 米高度年平均风速为 7.8~8.4 米/秒，年平均风能密度为 590~593 瓦/平方米。由该建设项目的可行性研究报告可知，杨树沟风电场的年均并网电量约为 1.1 亿千瓦时，风电机组设备平均利用小时数可达 2296 小时。

图 4-3 为风电供热系统示意图。为了保证电锅炉供电的安全性和稳定性，本书考虑商业电（图 4-3 中的虚线所示）作为电锅炉的备用电源。此外，杨树沟风电场已和东北电力有限公司签署了并网调度协议。按照协议约定，该地区供热期间杨树沟风电场的风机出力不受限制，所发电量全部上网。风电供热系统的运行模式如下：风电场出资建设热力站；电力公司以风电上网电价收购风电场的风电；电锅炉所需电量由热力公司向电力公司购买；风电场收入的一部分交给热力公司作为电力补贴。本案例中，风电场和热力公司的所有人可以看作是风险共同承担者，而电力公司不在本书考虑的范围内。

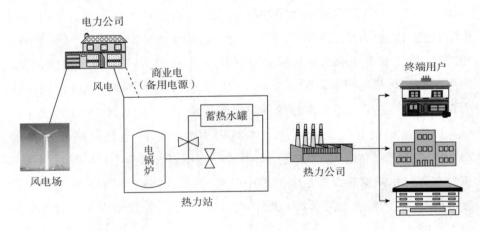

图 4-3　风电供热系统示意图

（二）数据收集

假设 $P(v)$ 代表风力发电机的出力，它与风速 v 之间的关系如下：

$$P(v) = \begin{cases} 0 & v < v_{ci} \quad \text{或} \quad v > v_{co} \\ P_N \cdot \dfrac{v - v_{ci}}{v_r - v_{ci}} & v_{ci} \leq v \leq v_r \\ P_N & v_r < v \leq v_{co} \end{cases} \qquad (4-8)$$

其中，P_N 代表风力发电机的额定功率，本案例中为 1500 千瓦；v_{ci}、v_{co} 和 v_r 分别代表切入风速、切出风速和额定风速，数值分别为 3 米/秒、22 米/秒和 11 米/秒。通常来说，风速的概率分布函数符合威布尔分布或正态分布，主要通过对长时间的风速采样数据进行统计而获得，可以为风电场规划或电力规划提供指导（Li 等，2014）。然而，假如要研究短时间内电网的运行和控制问题，那么由于风速分布特征比较特殊，可能会导致前述的风速经验分布函数不能完全满足需求（彭虎等，2010）。

如前所述，本书考虑了多种不确定因子如风速的波动性、系统工况的动态变化以及热力需求的随机性等。但是，这仅仅是定性地描述了风电供热系统的不确定性。为了将上述不确定性定量化，本书在模型的输入数据阶段，采用了区间数、模糊数和随机数等多种数据形式。特别地，基于近 2 年杨树沟风电场场内测风塔 70 米高度 10 分钟平均风速统计数据，引入模糊集理论以反映风速的逐时波动情况，如图 4-4 所示。表 4-1 和表 4-2

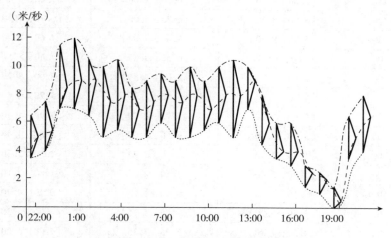

图 4-4 基于三角模糊数的小时风速

分别为不同 α 截集水平下的小时风速和风力发电机组的目标发电量。表 4-3 为不同概率水平下终端用户的热力需求量。此外，研究中涉及的其他经济和技术参数主要来源于相关报告和文献（国家能源局，2013；桑海洋，2013；财政部等，2012；国家发展和改革委员会，2013）。

表 4-1　不同 α 截集水平下的小时风速

时间	风速 $\widetilde{v}_\alpha^\pm$（米/秒）		
	$\alpha = 0.2$	$\alpha = 0.5$	$\alpha = 0.8$
22：00	[3.80, 6.20]	[4.25, 5.75]	[4.70, 5.30]
23：00	[4.30, 7.10]	[4.75, 6.50]	[5.20, 5.90]
0：00	[7.30, 10.90]	[7.75, 10.00]	[8.20, 9.10]
1：00	[7.40, 11.40]	[8.00, 10.50]	[8.60, 9.60]
2：00	[7.00, 10.20]	[7.75, 9.75]	[8.50, 9.30]
3：00	[5.50, 9.50]	[6.25, 8.75]	[7.00, 8.00]
4：00	[6.00, 10.00]	[6.75, 9.25]	[7.50, 8.50]
5：00	[5.40, 8.20]	[6.00, 7.75]	[6.60, 7.30]
6：00	[5.50, 8.70]	[6.25, 8.25]	[7.00, 7.80]
7：00	[6.40, 9.20]	[7.00, 8.75]	[7.60, 8.30]
8：00	[5.50, 8.70]	[6.25, 8.25]	[7.00, 7.80]
9：00	[5.60, 9.60]	[6.50, 9.00]	[7.40, 8.40]
10：00	[5.80, 8.60]	[6.25, 8.00]	[6.70, 7.40]
11：00	[6.40, 9.60]	[7.00, 9.00]	[7.60, 8.40]
12：00	[5.60, 10.00]	[6.50, 9.25]	[7.40, 8.50]
13：00	[7.40, 9.80]	[8.00, 9.50]	[8.60, 9.20]
14：00	[4.80, 7.60]	[5.25, 7.00]	[5.70, 6.40]
15：00	[3.60, 5.60]	[3.75, 5.00]	[3.90, 4.40]
16：00	[3.20, 5.60]	[3.50, 5.00]	[3.80, 4.40]
17：00	[1.70, 2.90]	[2.00, 2.75]	[2.30, 2.60]
18：00	[1.20, 2.40]	[1.50, 2.25]	[1.80, 2.10]
19：00	[0.10, 1.30]	[0.25, 1.00]	[0.40, 0.70]
20：00	[3.80, 6.20]	[4.25, 5.75]	[4.70, 5.30]
21：00	[4.50, 7.70]	[5.25, 7.25]	[6.00, 6.80]

表 4 - 2 不同 α 截集水平下风力发电机组的目标发电量

时间	预设目标发电量 $W_t^\pm$（兆瓦时）		
	$\alpha = 0.2$	$\alpha = 0.5$	$\alpha = 0.8$
22：00	[1.00, 3.00]	[2.00, 4.00]	[1.00, 5.00]
23：00	[3.00, 7.00]	[3.00, 8.00]	[3.00, 9.00]
0：00	[18.00, 23.00]	[20.00, 24.00]	[20.00, 26.00]
1：00	[20.00, 24.00]	[20.00, 25.00]	[24.00, 28.00]
2：00	[16.00, 21.00]	[20.00, 22.00]	[20.00, 25.00]
3：00	[8.00, 13.00]	[10.00, 14.00]	[12.00, 16.00]
4：00	[10.00, 16.00]	[12.00, 17.00]	[15.00, 18.00]
5：00	[8.00, 12.00]	[10.00, 16.00]	[14.00, 20.00]
6：00	[8.00, 13.00]	[14.00, 18.00]	[15.00, 22.00]
7：00	[15.00, 18.00]	[15.00, 22.00]	[20.00, 25.00]
8：00	[8.00, 13.00]	[14.00, 18.00]	[15.00, 22.00]
9：00	[8.00, 14.00]	[15.00, 19.00]	[20.00, 25.00]
10：00	[10.00, 15.00]	[14.00, 18.00]	[14.00, 20.00]
11：00	[15.00, 18.00]	[15.00, 22.00]	[20.00, 25.00]
12：00	[10.00, 14.00]	[15.00, 20.00]	[20.00, 25.00]
13：00	[20.00, 25.00]	[20.00, 28.00]	[25.00, 30.00]
14：00	[5.00, 10.00]	[6.00, 12.00]	[10.00, 15.00]
15：00	[1.00, 2.00]	[2.00, 3.00]	[1.00, 4.00]
16：00	[0.50, 1.00]	[1.00, 2.00]	[1.00, 3.00]
17：00	0	0	0
18：00	0	0	0
19：00	0	0	0
20：00	[1.00, 3.00]	[3.00, 6.00]	[5.00, 8.00]
21：00	[4.00, 8.00]	[6.00, 12.00]	[10.00, 15.00]

表 4 - 3 终端用户的热力需求量

	热需求 $DH_{th}^\pm$（吉焦）		
水平	L	M	H
概率	0.2	0.6	0.2
22：00	[9.00, 10.80]	[11.16, 12.60]	[12.96, 14.40]
23：00	[9.36, 11.16]	[11.52, 13.32]	[13.68, 15.12]
0：00	[10.08, 11.52]	[11.88, 13.68]	[14.04, 16.20]

热需求 $DH_{th}^{\pm}$（吉焦）		
水平	L	M	H
概率	0.2	0.6	0.2
1：00	[10.80, 12.60]	[12.96, 14.76]	[15.12, 16.92]
2：00	[11.16, 12.96]	[13.32, 15.12]	[15.48, 17.28]
3：00	[11.88, 13.68]	[14.04, 15.84]	[16.20, 18.00]
4：00	[12.60, 14.40]	[14.76, 16.20]	[16.56, 18.72]
5：00	[13.32, 15.12]	[15.48, 17.28]	[17.64, 19.44]
6：00	[12.96, 14.76]	[15.12, 16.92]	[17.28, 19.08]
7：00	[12.24, 14.04]	[14.40, 16.20]	[16.56, 18.36]
8：00	[11.16, 15.48]	[13.32, 15.12]	[14.04, 16.92]
9：00	[10.08, 12.24]	[12.60, 14.40]	[14.76, 15.84]
10：00	[9.36, 10.80]	[11.16, 12.60]	[12.96, 14.40]
11：00	[9.00, 10.44]	[10.80, 12.24]	[12.60, 14.04]
12：00	[8.64, 10.08]	[10.44, 11.88]	[12.24, 13.68]
13：00	[8.28, 9.72]	[10.08, 11.52]	[11.88, 13.32]
14：00	[7.92, 9.36]	[9.72, 11.16]	[11.52, 12.96]
15：00	[7.56, 9.00]	[9.36, 10.80]	[11.16, 12.60]
16：00	[8.28, 10.44]	[10.80, 12.60]	[12.96, 14.40]
17：00	[8.64, 10.80]	[11.16, 12.96]	[13.32, 15.12]
18：00	[9.00, 11.16]	[11.52, 13.32]	[13.68, 15.48]
19：00	[9.36, 11.52]	[11.88, 13.68]	[14.04, 15.84]
20：00	[9.72, 11.88]	[12.24, 14.04]	[14.40, 16.56]
21：00	[10.08, 12.60]	[12.96, 15.12]	[15.48, 16.92]

（三）模型构建

在实际中，由于区间数、随机变量和模糊集合等多种形式的不确定性的存在，决策者更偏向于采用优化方法来直接反映并处理上述不确定性（Hu 等，2014）。因此，针对风电供热系统供热管理过程中存在的多种不确定性，本案例构建了 IFFSP 模型以处理上述问题。优化模型的目标函数是使系统收益最大化。系统收益包括：①风电上网和供热收益；②热力站耗电成本；③供热成本和风电场发电成本；④热力站蓄热成本。特别地，在 IFFSP 模型中，决策变量包括风电最优目标发电量、风力发电缺失量、商业电耗电量和蓄热水罐蓄热量，分别用 $W_t^\pm$、$Q_{th}^\pm$、$EQ_t^\pm$ 和 $SH_{th}^\pm$ 表示。

目标函数：

$$\max f^\pm = (a) - (b) - (c) - (d) \tag{4-9a}$$

$$(a) = \sum_{t=1}^{T}\sum_{h=1}^{H_t}(W_t^\pm + p_h \cdot Q_{th}^\pm) \cdot SWP_t^\pm + \sum_{t=1}^{T}\sum_{h=1}^{H_t}\frac{DH_{th}^\pm}{\beta^\pm} \cdot BH_t^\pm \tag{4-9b}$$

$$(b) = \sum_{t=1}^{T}\sum_{h=1}^{H_t}(W_t^\pm + p_h \cdot Q_{th}^\pm) \cdot (1-\lambda^\pm) \cdot PB_t^\pm + \sum_{t=1}^{T}EQ_t^\pm \cdot PE_t^\pm$$
$$\tag{4-9c}$$

$$(c) = \sum_{t=1}^{T}PV_t^\pm \cdot W_t^\pm + \sum_{t=1}^{T}\sum_{h=1}^{H_t}p_h \cdot (PV_t^\pm + PP_t^\pm) \cdot Q_{th}^\pm +$$
$$\sum_{t=1}^{T}\sum_{h=1}^{Ht}\frac{DH_{th}^\pm}{\beta^\pm} \cdot PVR_t^\pm \tag{4-9d}$$

$$(d) = \sum_{t=1}^{T}\sum_{h=1}^{H_t}p_h \cdot SH_{th}^\pm \cdot SC_t^\pm \tag{4-9e}$$

约束条件：

$$W_t^\pm + Q_{th}^\pm \leqslant P\widetilde{(v)}_t^{\alpha\pm} \cdot ST_t^\pm, \quad \forall t, h \tag{4-9f}$$

[风能可利用量约束]

$$W_t^\pm \geqslant Q_{th}^\pm, \quad \forall t, h \tag{4-9g}$$

$$W_t^\pm \geqslant EQ_t^\pm, \quad \forall t \tag{4-9h}$$

[物料平衡约束]

$$SH_{th}^\pm = SH_0^\pm + [(W_t^\pm + Q_{th}^\pm) \cdot (1-\lambda^\pm) + EQ_t^\pm] \cdot \eta^\pm \cdot FE^\pm - \frac{DH_{th}^\pm}{\beta^\pm},$$
$$\forall h; \ t=1 \tag{4-9i}$$

$$SH_{th}^\pm = SH_{(t-1)h}^\pm + [(W_t^\pm + Q_{th}^\pm) \cdot (1-\lambda^\pm) + EQ_t^\pm] \cdot \eta^\pm \cdot FE^\pm - \frac{DH_{th}^\pm}{\beta^\pm},$$
$$\forall h; \ 2\leqslant t\leqslant 7 \tag{4-9j}$$

$$SH_{th}^\pm = SH_{(t-1)h}^\pm - \frac{DH_{th}^\pm}{\beta^\pm}, \quad \forall h; \ t\geqslant 8 \tag{4-9k}$$

[蓄热水罐热平衡约束]

$$\left[\left(W_t^{\pm} + Q_{th}^{\pm} \right) \cdot \left(1 - \lambda^{\pm} \right) + EQ_t^{\pm} \right] \cdot \eta^{\pm} \cdot FE^{\pm} + SH_0^{\pm} \geqslant \frac{DH_{th}^{\pm}}{\beta^{\pm}}, \quad \forall h; \quad t = 1$$

$$(4-9l)$$

$$\left[\left(W_t^{\pm} + Q_{th}^{\pm} \right) \cdot \left(1 - \lambda^{\pm} \right) + EQ_t^{\pm} \right] \cdot \eta^{\pm} \cdot FE^{\pm} + SH_{(t-1)h}^{\pm} \geqslant \frac{DH_{th}^{\pm}}{\beta^{\pm}}, \quad \forall h;$$

$$2 \leqslant t \leqslant 7 \qquad\qquad (4-9\text{m})$$

$$SH_{(t-1)h}^{\pm} \geqslant \frac{DH_{th}^{\pm}}{\beta^{\pm}}, \quad \forall h; \quad t \geqslant 8 \qquad\qquad (4-9\text{n})$$

[供热平衡约束]

$$SH_{th}^{\pm} \leqslant \max CS^{\pm}, \quad \forall t, \ h \qquad\qquad (4-9\text{o})$$

[蓄热水罐最大蓄热量约束]

$$Q_{th}^{\pm}, \ SH_{th}^{\pm}, \ EQ_t^{\pm} \geqslant 0, \quad \forall t, \ h \qquad\qquad (4-9\text{p})$$

[非负约束]

模型（4-9）中变量及参数的详细含义如下：

$f^{\pm}$ 为风电供热系统收益（元）；

$W_t^{\pm}$ 为 t 时风电最优目标发电量（兆瓦时）；

p_h 为 h 情景发生的概率（%）；

$Q_{th}^{\pm}$ 为 t 时 h 情景下风力发电的缺失量（兆瓦时）；

$SWP_t^{\pm}$ 为 t 时风电上网价格（元/兆瓦时）；

$DH_{th}^{\pm}$ 为 t 时 h 情景下终端用户的热力需求量（吉焦）；

$\beta^{\pm}$ 为供热效率（%）；

$BH_t^{\pm}$ 为 t 时热价（元/吉焦）；

$\lambda^{\pm}$ 为线损率（%）；

$PB_t^{\pm}$ 为 t 时风电的购电价格（元/兆瓦时）；

$EQ_t^{\pm}$ 为 t 时商业电的耗电量（兆瓦时）；

$PE_t^{\pm}$ 为 t 时商业电的购电价格（元/兆瓦时）；

$PV_t^{\pm}$ 为 t 时风力发电的常规发电成本（元/兆瓦时）；

$PP_t^{\pm}$ 为 t 时风力发电的惩罚发电成本(元/兆瓦时);

$PVR_t^{\pm}$ 为 t 时热力供应成本(元/吉焦);

$SH_{th}^{\pm}$ 为 t 时 h 情景下蓄热水罐的蓄热量(吉焦);

$SC_t^{\pm}$ 为 t 时蓄热水罐的蓄热成本(元/吉焦);

$\tilde{P}(v)_t^{\alpha\pm}$ 为 t 时对应于不同 α 截集下的风速的风机出力(兆瓦);

$ST_t^{\pm}$ 为风机的满负荷运行时间(小时);

$SH_0^{\pm}$ 为蓄热水罐的初始蓄热量(吉焦);

$\eta^{\pm}$ 为电锅炉的转换效率(%);

$FE^{\pm}$ 为电/热转换系数(吉焦/兆瓦时);

$\max CS^{\pm}$ 为蓄热水罐的最大蓄热量(吉焦)。

四、结果分析与讨论

　　针对风电供热系统中存在的多重不确定性,本书借助优化模型对其供热过程进行优化管理,以求获得最佳供热策略。通过考虑风速、热力需求等不确定性因子,所构建的优化模型可以使该系统的收益在规划期内达到最大化。此外,本案例中的风速以三角模糊数的形式表征,同时考虑了3种 α 截集水平(0.2、0.5和0.8)。α 截集代表模糊集中所有隶属度(置信度或可信度)不低于 α 的元素构成的子集(Li等,2009)。

　　图4-5为规划期内风力发电机组的最优发电方案(以 $\alpha = 0.2$ 为例)。由图可知,每小时的最优目标发电量将接近其目标发电量的上限(见表4-2)。在不同的热力需求水平下,如果最优目标发电量不能满足该时段的热力需求,则风电场需要额外发电(缺失发电量)以弥补差额。当电锅炉运行时(22:00至次日5:00),风电场通常不需要额外发电。但是,也有例外情况。例如,在中热力需求水平下,4:00至5:00期间风电场的缺失

发电量为［0，9.13］兆瓦时；在高热力需求水平下，22：00 至 23：00、3：00至 4：00 和 4：00 至 5：00 期间电场的缺失发电量分别为 0.50 兆瓦时、［2.47，9.67］兆瓦时、［2.56，16.00］兆瓦时。当电锅炉关闭运行时（5：00 至 22：00），由于优化模型的目标函数是系统收益最大化，风电场缺失发电量的上限几乎等于相应时段内其目标发电量的上限（见表 4 - 2）。

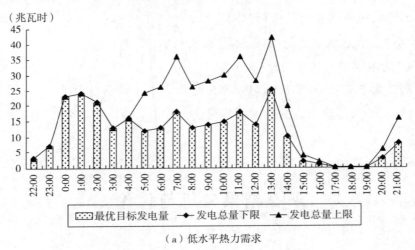

（a）低水平热力需求

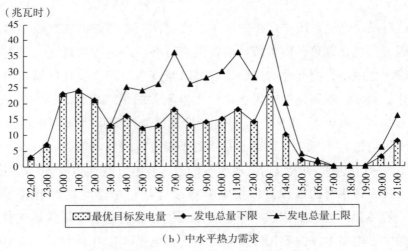

（b）中水平热力需求

图 4 - 5　$\alpha = 0.2$ 时风力发电机组的最优发电方案

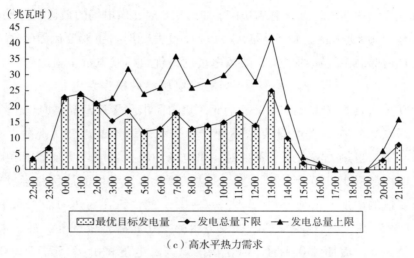

（c）高水平热力需求

图 4-5　$\alpha = 0.2$ 时风力发电机组的最优发电方案（续）

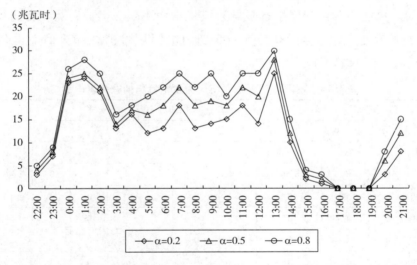

图 4-6　不同 α 截集水平下风力发电机组的最优目标发电量

　　不同 α 截集水平下风力发电机组的最优目标发电量如图 4-6 所示。与 $\alpha = 0.2$ 时风电场的发电情况类似，当 $\alpha = 0.5$ 和 $\alpha = 0.8$ 时风电场的最优目标发电量也接近其目标发电量的上限（见表 4-2）。此外，如图 4-6 所示，同一时段内，风电场的最优目标发电量将随着 α 值的增加而增加。例如，

6：00 至 7：00 期间，当 α 值从 0.2 增加到 0.8 时，风电场的最优目标发电量分别为 13.00 兆瓦时、18.00 兆瓦时和 22.00 兆瓦时。主要原因是 α 值越高意味着越低的系统违约风险，故风电场的最优目标发电量呈增加趋势。

表 4-4 为不同 α 截集水平下风力发电机组的缺失发电量。一般来说，22：00 至次日 5：00 期间当 α 值不变而热力需求水平逐渐提高时（见表 4-3），风电场的缺失发电量要么不变，要么呈现增加的趋势。此外，由表 4-4 可知，当热力需求水平不变时，风电场的缺失发电量将随着 α 值的增加呈现稳定不变或逐渐降低的趋势。这主要是由风电场的最优目标发电量随着 α 值的增加而增加导致的（见图 4-6）。然而，在高热力需求水平下，4：00 至 5：00 期间风电场的缺失发电量的变化趋势是个例外。具体来说，当 α 值由 0.2 增加到 0.5 时，风电场的缺失发电量将由 [2.56，16.00] 兆瓦时增加到 [4.77，17.00] 兆瓦时。出现这种反常的最可能原因是当 $\alpha=0.2$ 时，风能资源可利用量有限导致风机出力不足。因此，为保证风电供热系统的稳定运行，4：00 至 5：00 期间电锅炉将消耗部分商业电（[0，5.93] 兆瓦时）以弥补电力缺口。

表 4-4　不同 α 截集水平下风力发电机组的缺失发电量

缺失发电量 $Q_{\text{sh}}^{\pm}$（兆瓦时）

α	0.2			0.5			0.8		
水平	L	M	H	L	M	H	L	M	H
22：00	0	0	0.50	0	0	0	0	0	0
23：00	0	0	0	0	0	0	0	0	0
0：00	0	0	0	0	0	0	0	0	0
1：00	0	0	0	0	0	0	0	0	0
2：00	0	0	0	0	0	0	0	0	0
3：00	0	0	[2.47，9.67]	0	0	[0，2.17]	0	0	0
4：00	0	[0，9.13]	[2.56，16.00]	0	[0，2.13]	[4.77，17.00]	0	0	[0，6.17]
5：00	[0，12.00]			[0，13.39]			[0，6.61]		
6：00	[0，13.00]			[0，14.48]			[0，.70]		

缺失发电量 $Q_{lh}^{\pm}$（兆瓦时）									
α	0.2			0.5			0.8		
水平	L	M	H	L	M	H	L	M	H
7：00		[0, 18.00]			[0, 13.58]			[0, 7.79]	
8：00		[0, 13.00]			[0, 14.48]			[0, 7.70]	
9：00		[0, 14.00]			[0, 18.13]			[0, 8.41]	
10：00		[0, 15.00]			[0, 12.94]			[0, 7.23]	
11：00		[0, 18.00]			[0, 15.13]			[0, 8.41]	
12：00		[0, 14.00]			[0, 18.67]			[0, 9.03]	
13：00		[0, 17.08]			[0, 12.22]			[0, 8.36]	
14：00		[0, 10.00]			[0, 12.00]			[0, 6.04]	
15：00		[0, 2.00]			[0, 3.00]			[0, 4.00]	
16：00		[0, 1.00]			[0, 2.00]			[0, 3.00]	
17：00		0			0			0	
18：00		0			0			0	
19：00		0			0			0	
20：00		[0, 3.00]			[0, 6.00]			[0, 6.23]	
21：00		[0, 8.00]			[0, 12.00]			[0, 8.51]	

按照设计要求，5：00 至 22：00 期间风电机组的出力不受电网公司和供热的约束。因此，当 α 值不变时，不同热力需求水平下每小时风电场的缺失发电量保持稳定。以 α=0.2 时 6：00 至 7：00 为例，随着热力需求水平的提高，风电场的缺失发电量将稳定在 [0, 13.00] 兆瓦时。此外，由于风速具有波动性，因此不同 α 截集水平下风电场的发电量将呈现不规则的变化趋势。

规划期内蓄热水罐蓄热量的变化趋势如图 4-7 所示（以 α=0.8 为例）。由图可知，不同热力需求水平下蓄热水罐的蓄热量先是逐渐增加（22：00 至 5：00），然后逐渐降低（5：00 至 22：00），与风电供热项目的设计初衷和运行要求相符。以高热力需求水平为例，蓄热水罐的蓄热量先是由 22：00 的 [4.73, 9.97] 吉焦逐渐增加至 5：00 的 [294.40, 321.97] 吉焦，然后又逐渐降低到22：00的［0，70.36］吉焦。此外，随着热力需求水平的提高，蓄热水罐的蓄热量将逐渐降低。例如，3：00至4：00期间的低、中、高热力需求水平下，蓄热水罐的蓄热量分别是［267.16，306.07］吉焦、［253.16，292.66］吉焦、［239.16，279.26］吉焦。

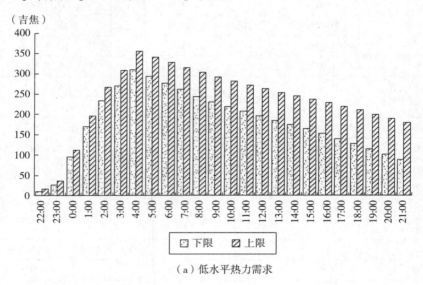

（a）低水平热力需求

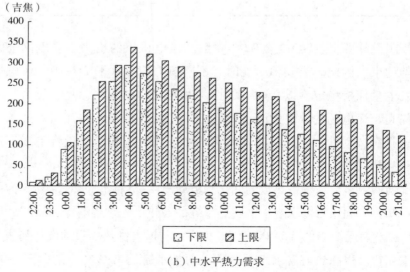

（b）中水平热力需求

图 4 - 7　$\alpha = 0.8$ 时蓄热水罐的蓄热量

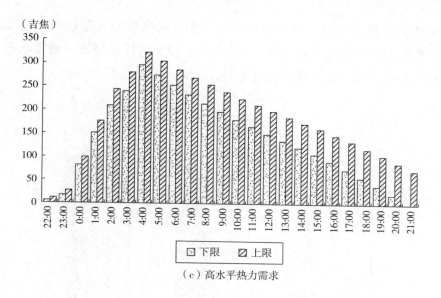

（c）高水平热力需求

图 4 - 7　$\alpha = 0.8$ 时蓄热水罐的蓄热量（续）

图 4 - 8 为规划期内不同 α 截集水平下风电供热系统收益的求解结果。如图所示，不同的 α 截集水平对应着不同的系统收益结果。当 α 取 0.2、0.5 和 0.8 时，系统收益分别为 [181.47，261.17] × 10^3 元、[242.92，330.56] × 10^3 元和 [289.91，383.61] × 10^3 元。显然，随着 α 值的增大，系统收益也在逐渐增加。主要原因是 α 代表置信度，其值越大表示系统的违约风险越低。该结果有助于量化系统收益与违约风险之间的关系。

为探究风电供热项目在提高风电就地消纳率、降低弃风率方面的效果及其可行性，本节计算了不同 α 截集水平下的风电消纳系数，如图 4 - 9 所示。总体来说，规划期内的风电消纳系数在 22.89% ~ 40.40%。此外，当 α 不变时，风电消纳系数将随着热力需求水平的提高而增加。以 α = 0.2 为例，低、中、高热力需求水平下的风电消纳系数分别为 [24.82，39.19]%、[26.38，39.19]% 和 [29.12，40.40]%。但当热力需求水平不变而 α 值逐渐增大时，风电消纳系数将逐渐降低。这主要是由于 α 值越大，风电场的最优目标发电量越高。因此，当热力需求一定时，风电消纳系数相对较低。然而，当 α 取 0.8 时，由于风电场的发电计划相对较合理，因此缺失发电量相对较低。这在一定程度上可以解释该 α 截集水平下风电消纳系数的下限为什么会出现细微增加。

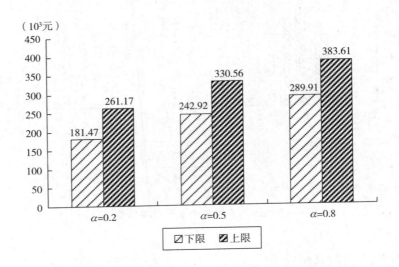

图 4-8　不同 α 截集水平下风电供热系统的总收益

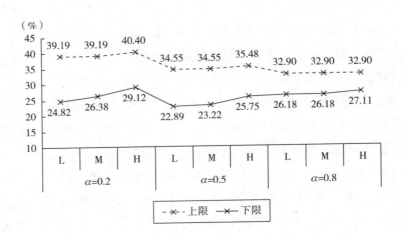

图 4-9　不同 α 截集水平下的风电消纳系数

五、本章小结

为给不确定条件下风电供热系统的供热管理提供决策支持和理论参考，本章开发了区间固定组合模糊—随机规划（IFFSP）模型。基于多阶段框架结构，该模型可以有效地处理以区间数、随机变量和模糊集合等多种形式表征的不确定性。利用交互式算法，可以将所构建的优化模型拆分为 2 个确定的上、下界子模型，通过求解得到模型的区间解。该优化结果可以提供不同系统工况条件下的决策方案，不仅可以帮助决策者识别不确定条件下的最优供热策略，而且可以在系统的经济目标和违约风险之间进行全面权衡。

此外，本章还探究了风电供热项目在提高风电就地消纳率、降低弃风率方面的可行性，但效果并不显著。因此，为了促进我国风电产业的健康发展，还需要在以下几个方面继续努力：

（1）继续扩大我国西部风能资源丰富地区的风电并网规模。

（2）鼓励采用智能电网技术、智能功率器件、储能设施以及电动汽车等以灵活调节负载和匹配电力需求。

（3）广泛采用特高压直流输电、超导输电等灵活的输电技术以提高我国的"西电东送"能力。

（4）大力发展智能配电网技术和微网技术等以充分挖掘我国中东部地区的风电并网和消纳潜力。

第五章
基于 STIRPAT 模型的青岛市
碳排放峰值预测

一、引　言

2015 年 12 月在巴黎召开的第 21 届联合国气候变化大会上，195 个国家一致通过了有史以来第一份全球性的具有法律约束力的减排协议——《巴黎协定》。该协定旨在将全球平均气温升幅控制在工业化前水平以上低于 2℃之内，并努力将气温升幅限制在 1.5℃之内，以显著降低气候变化带来的风险和影响。为了实现该目标，各缔约方应积极参与到全球行动中来，并尽最大努力使本国 CO_2 排放尽早达峰。而按照总量计算，我国的碳排放已超过美国和欧盟的总和，约占全球 CO_2 排放量的 30%，此举更显得尤为重要（Liu 等，2014）。

事实上，为了应对全球气候变暖，我国政府早在 2009 年的哥本哈根气候峰会上就已经承诺：到 2020 年，将单位 GDP 的碳排放强度在 2005 年的基础上削减 40% ~ 45%（Zhao 和 Du，2015）。为了实现这一目标并加速推动我国的低碳经济发展，国家发展和改革委员会启动了国家低碳省区和低碳城市试点工作。根据其于 2010 年和 2011 年发布的两则通知，共计

6 省（广东、辽宁、海南等）和 36 市（北京、上海、天津、重庆、青岛等）被确定为低碳试点省市。同时，通知要求相关政府部门应尽快开展低碳发展规划的研究和编制工作，并加快构建低碳产业体系。此外，核算和设定本地区碳排放总量控制目标也是相关低碳试点省市的一项重要工作。特别地，根据我国 2020 年碳排放强度控制目标的要求，青岛市作为东部沿海发达地区国家低碳城市试点之一，应在 2020 年前率先达到碳排放峰值，并及时启动碳排放峰值管理进程。因此，精确地预测碳排放峰值和相应的达峰时间是青岛市亟须解决的问题之一。

相关研究人员采用了一系列方法对不同时间和空间尺度下由能源消费导致的 CO_2 排放量进行了预测。例如，基于 1980～2007 年巴西的 CO_2 排放量、能源消费和国民生产总值之间的动态关系分析，Pao 和 Tsai（2011）分别采用灰色预测（GM）模型和求和自回归滑动平均（ARIMA）模型预测了 2008～2013 年巴西的能源消费以及相应的 CO_2 排放量。Chang 等（2013）开发了一个基于量子和声搜索（QHS）算法的 DMSFE 组合模型用于预测世界 5 大碳排放国的 CO_2 排放量。借助 STELLA 软件，Feng 等（2013）构建了一个系统动力学模型来模拟 2005～2030 年北京市的能源消费量和 CO_2 排放量的变化趋势。Meng 等（2014）提出了一个小样本混合模型来预测 1992～2011 年我国的 CO_2 排放量，并将其与传统线性模型和灰色 GM（1，1）模型得到的结果进行了比较。换句话说，现有涉及 CO_2 排放量预测的研究仅仅考虑了能源消费和经济增长的影响，通常忽略了人口、城镇化、能源结构、产业结构等影响因素，也不能定性地描述上述因素与碳排放之间的关系。此外，针对碳排放峰值的相关研究也少之又少。

因此，作为一种可以系统地揭示人类活动的多种驱动因子与环境压力（碳排放等）之间相互关系的有效方法——IPAT 模型受到了越来越多的关注。此外，近年来，基于 IPAT 改进的 STIRPAT 模型受到了相关研究人员的青睐，得到了广泛应用（Madu，2009；Wang 等，2011；Wang 等，2013；Tan 等，2016）。举例来说，Wang 和 Zhao（2015）根据不同的经济水平将我国 30 个省份划分为三类，并引入 STIRPAT 模型来探究区域 CO_2

排放的影响因素之间的差异。为能给城市层次的碳排放影响因素的识别提供思路和启示，Li 等（2015）采用 STIRPAT 模型系统识别了 1996~2012年天津市碳排放的主要驱动因子。基于 1958~2010 年新疆地区的时间序列数据，考虑不同的政策情景，Huo 等（2015）利用 STIRPAT 模型分析了社会经济发展对碳排放的影响。然而，大多数研究主要通过核算不同人为因素（人口城市化率、碳排放强度、能源强度等）对区域 CO_2 排放的贡献来辨识其中的主要影响因子。也就是说，很少有研究能在辨识区域碳排放主要影响因子的基础上进一步预测未来一段时间内该地区的 CO_2 排放量，从而量化该地区的碳排放峰值，为区域低碳经济发展提供数据支持。

因此，本书以青岛市为例，考虑常住人口、经济水平、技术水平、城镇化水平、能源消费结构、服务业水平和对外贸易依存度 7 大影响因子，引入 STIRPAT 模型并借助 SPSS 统计软件研究了 CO_2 排放量和上述影响因子之间的关系。本章的主要任务如下：①验证 STIRPAT 模型在预测青岛市未来 CO_2 排放量方面的适用性；②获得不同 CO_2 排放情景下青岛市的碳排放峰值及其达峰时间；③提出以确保《青岛市低碳发展规划（2014~2020年）》顺利实施的政策建议。

二、研究区域概述

作为华东地区重要的沿海城市之一，青岛市（35°35′~37°09′N，119°30′~121°00′E）位于山东半岛南部，毗邻黄海，并与 3 个地级市接壤，分别是东北部的烟台、西南部的日照和西部的潍坊（Zhao 等，2014）。该市下辖 7 区（市南、市北、四方、李沧、崂山、黄岛和城阳）和 4 个县级市（胶州、即墨、平度和莱西），总面积达 10654 平方公里，其中市区面积为 1159 平方公里。青岛地处北温带季风区域，属温带季风气候。此外，由于受海洋环境的直接调节，加上东南季风、海流和水团的影响，市区呈现显著的海洋性气候的特点：年平均气温为 12.7℃，年平均降水量为 662.1 毫米，主导风向为东南风（ES），年平均风速为 5.2 米/秒。

作为副省级城市，随着山东半岛蓝色经济区的建设和第 9 个国家级新区——西海岸经济新区的正式获批，青岛市高度重视海洋经济对产业结构转型升级和社会经济发展的助推作用，把蓝色经济作为经济发展的主导战略，先后出台了《青岛市"十三五"蓝色经济区建设规划》、《青岛市"海洋＋"发展规划（2015～2020 年）》、《青岛市建设国际先进的海洋发展中心行动计划》等一系列推动蓝色经济发展的规划措施，在推动青岛市经济转方式、调结构、去产能化发展等方面取得了显著成就。

自 2000 年以来，青岛市的 GDP 和人均 GDP 增长趋势明显，平均年增长率分别为 15.42% 和 13.85%，如图 5－1 和图 5－2 所示。虽然青岛市 GDP 的增长势头近年来有所放缓，但"十二五"期间年均 10.47% 的增长速度来之不易，依然具有非常高的含金量。以 2014 年为例，青岛市的 GDP 总量达到 8692.1 亿元，同比增长 8.56%；人均 GDP 为 96524 元，比 2013 年增长 7.49%（青岛市统计局，2016）。此外，青岛市的常住人口总量近年来也在稳定增长（见图 5－3）。截止到 2014 年末，青岛市的常住人口总量为 904.62 万人，其中市区常住人口约为 488 万人（青岛市统计局，2015）。同时，作为山东半岛蓝色经济区的龙头和核心，青岛市近年来也在着力推动产业结构调整和经济转型升级工作，积极促进三大产业协调发展，着重打造以服务经济为主的产业结构，取得了明显成效，如图 5－4 和图 5－5 所示。具体来说，青岛市第三产业增加值占 GDP 的比重由 2004 年的 42.14% 增加到了 2014 年的 51.22%，逐渐占据了主导地位。反观高污染高耗能的第二产业，其增加值在 GDP 中的比例由 2004 年的 50.65% 下降到了 2014 年的 44.76%。青岛市节能减排和产业结构调整工作的目标在逐步实现。

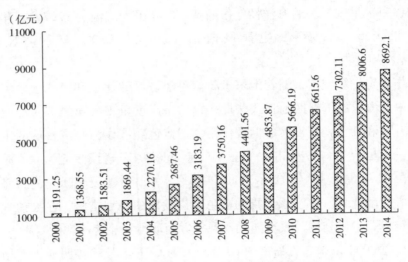

图 5 – 1　2000～2014 年青岛市的 GDP

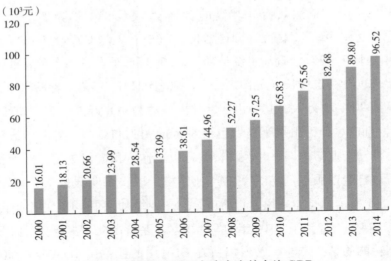

图 5 – 2　2000～2014 年青岛市的人均 GDP

　　然而，随着青岛市经济和人口的快速增长，其能源消费量也与日俱增。例如，"十一五"期间，全市能源消费总量为 17271.83 万吨标准煤，

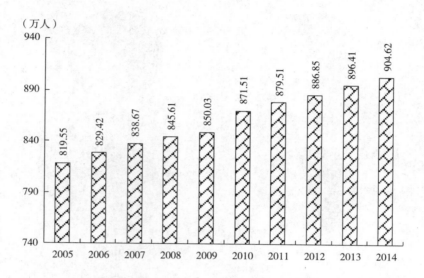

图 5 − 3 2005 ~ 2014 年青岛市的常住人口总量

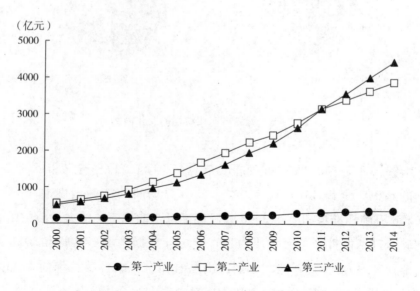

图 5 − 4 2000 ~ 2014 年青岛市三大产业的生产总值

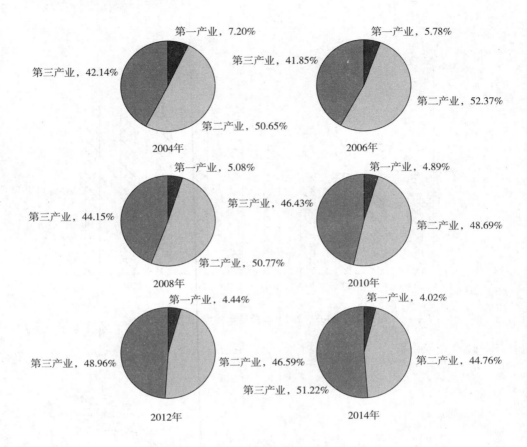

图 5 - 5　青岛市产业结构的变化趋势

年均增幅为 8.33% （青岛市发展改革委，2012）。根据青岛市"十二五"规划的预测，全市 2015 年末、"十二五"期间的能源消费总量分别为 5606.28 万吨标准煤和 24622.78 万吨标准煤。能源资源的大量消耗给青岛市的碳减排工作带来了巨大压力。官方统计数据显示：青岛市 2011 年的 CO_2 排放量约为 9382 万吨，分别占山东省和全国碳排放总量的 11.3% 和 1.2%；人均碳排放量为 10.67 吨，高于山东省和全国平均水平。鉴于此，青岛市发展改革委于 2014 年 9 月发布了《青岛市低碳发展规划》（2014 ～ 2020 年），承诺到 2020 年，实现单位 GDP 碳排放强度比 2005 年下降

50%，比 2010 年下降 37.8%，力争达到碳排放峰值（青岛市发展改革委，2014）。然而，青岛市正处于工业化后期向后工业化的过渡阶段，能源需求量居高不下，因此，该低碳发展目标给青岛市的节能减排工作带来了相当大的挑战和压力。

三、STIRPAT模型构建

（一）CO$_2$排放量预测

由于青岛市的 CO$_2$ 排放量缺乏精确的数据统计，因此，基于《2006年 IPCC 国家温室气体清单指南》，本书能源消耗导致的 CO$_2$ 排放量按照式（5-1）计算（联合国政府间气候变化专业委员会，2006）：

$$I = \sum_{i=1}^{4} E_i \cdot K_i \cdot \frac{44}{12} \tag{5-1}$$

其中，I 表示 CO$_2$ 排放总量；E_i 表示第 i 类能源的消耗量（$i=1$ 表示煤炭，$i=2$ 表示石油，$i=3$ 表示天然气，$i=4$ 表示非化石能源）；K_i 表示第 i 类能源的 CO$_2$ 排放系数；系数 44/12 表示 CO$_2$ 和 C 的分子量之比。参考国家发展和改革委员会能源研究所的研究数据，煤、石油、天然气和非化石能源的 CO$_2$ 排放系数分别取 0.7476（吨 C/标准煤）、0.5825（吨 C/标准煤）、0.4435（吨 C/标准煤）和 0 吨 C/标准煤。

（二）STIRPAT 模型

Ehrlich 和 Holdren（1971）于 19 世纪 70 年代早期首次提出了 IPAT 模型，并将其用于表达人类活动对环境的影响。IPAT 模型的表达式为：

$I = PAT$

其中，I 表示环境影响，P 表示人口，A 表示富裕程度，T 表示技术。由于表达方式简洁，IPAT 模型被广泛应用于分析人口因素对环境的影响以及环境变化因子（Wang 等，2011）。然而，由于它本质上是一个恒等式，因此不允许假设检验（Li 和 Lin，2015）。此外，该模型不能分辨出对环境影响最大的驱动因子（Zhang 和 Lin，2012）。为了克服这些缺点，Dietz 和 Rosa（1994）将 IPAT 模型扩展为随机形式，提出了 STIRPAT 模型：

$$I = aP^b A^c T^d e \tag{5-2}$$

其中，a 为模型系数；b、c 和 d 分别表示人口、财产和技术的弹性系数；e 为随机误差项。当 $a = b = c = d = e = 1$ 时，IPAT 模型可以看作是 STIRPAT 模型的特殊形式。在实际应用中，模型（5-2）通常转换成它的对数形式：

$$\ln I = \ln a + b\ln P + c\ln A + d\ln T + \ln e \tag{5-3}$$

模型（5-3）还可以引入其他变量用于分析其对环境压力的影响，但是变量的引入必须遵循模型的乘法规范（York 等，2003）。本书参考了相关学者的研究成果，考虑了青岛市的具体情况，将城镇化水平、能源消费结构、服务业水平和对外贸易依存度 4 个变量引入模型以进一步分析经济和社会变化对 CO_2 排放量的影响。此外，Grossman 和 Krueger（1991）提出了环境库兹涅茨曲线（EKC）理论，这一假说将经济发展与环境质量之间的关系描述为倒 U 形曲线。之后，有关学者针对此假说做了大量实证研究，最终证实大气污染物（SO_2、NO_x 等）和 CO_2 排放量与经济增长之间的关系确实符合 EKC 理论（Shafik 和 Bandyopadhyay，1992；Selden 和 Song，1994；Holtz - Eakin 和 Selden，1995；Dasgupta 等，2002；Galeotti 等，2006）。因此，本书将富裕程度（A）分解为一个一次项和一个平方项，以验证 CO_2 排放量与经济水平之间的关系。扩展的 STIRPAT 模型如下：

$$\ln I = a_0 + a_1\ln P + a_2\ln A + a_3(\ln A)^2 + a_4\ln T + a_5\ln U +$$
$$a_6\ln N + a_7\ln G + a_8\ln F \tag{5-4}$$

其中，I 表示 CO_2 排放总量（10^4 吨）；P 表示常住人口总量（10^4 人）；A 表示富裕程度（人均 GDP，元）；T 表示能源强度（单位 GDP 能源消费量，吨标准煤/10^4 元）；U 表示城镇化水平（人口城镇化率,%）；N 表示能源消费结构（非化石能源在一次能源消费中的比例,%）；G 表示服务业水平（第三产业增加值占 GDP 的比重,%）；F 表示对外贸易依存度（净出口值占 GDP 的比重,%）。

（三）共线性检验

如果一个多元回归模型中的两个或多个变量之间高度线性相关，则该回归模型得到的结果是无效的，同时也意味着该模型在一定程度上存在着共线性问题（Farrar 和 Glauber，1967）。因此，在分析多元回归模型之前，必须进行变量的共线性诊断。一般来说，在普通最小二乘法（OLS）回归中，共线性问题通常由方差膨胀因子（VIF）的值来表征（Fu 等，2015）。当 VIF 大于 10 时，表示存在着严重的共线性问题（Marquaridt，1970）。

（四）岭回归

共线性对模型的影响主要是由于其会产生较大的标准误差，而减小标准误差可以有效地消除共线性带来的负面影响。通常来讲，解决上述问题有三种方法：偏最小二乘法（PLS）、岭回归（RR）和主成分分析（PCA）。相对于其他两种方法，岭回归可以通过偏差—方差权衡获得方差较小的有偏估计，被认为是分析多样本数据的最有效方法之一（Hoerl 和 Kennard，1970）。

多元线性回归的标准模型如下：

$$Y = X\beta + \varepsilon \tag{5-5}$$

其中，X 是一个 $n \times p$ 矩阵；β 是一个未知的 $p \times 1$ 向量；ε 是误差项且 $E[\varepsilon] = 0$，$E[\varepsilon\varepsilon'] = \delta^2 I$。$\beta$ 的无偏表达式如下：

$$\hat{\beta} = (X'X)^{-1}X'Y \tag{5-6}$$

当变量 X 存在共线性时，矩阵 $X'X$ 是病态的，也就是说其行列式的值 $|X'X| \approx 0$。而岭回归可以在矩阵 $X'X$ 的对角线上加入一个非负因子 K 以得到稳定的 β 估计值，其表达式如下：

$$\hat{\beta} = (X'X + KI)^{-1}X'Y \qquad\qquad (5-7)$$

其中，K 表示岭回归系数（$0 < K < 1$）。通过选择一个合适的 K 值和可接受的最小偏差，岭迹逐渐趋于稳定，共线性问题得到有效解决。显然，当 $K = 0$ 时，岭回归估计就是普通的最小二乘估计（Farrar 和 Glauber，1967）。

四、数据收集

本书的 1988~2010 年相关变量（常住人口、人均 GDP、能源强度等）的数据是从《青岛市统计年鉴》、《青岛市统计公报》以及政府部门（青岛市发改委、统计局和环境保护局）的调查数据和政策中提取和计算得来的（青岛市统计局，2015，2016）。此外，为了便于计算，煤、石油、天然气和非化石能源的消费量均转换成煤当量（10^4 吨标准煤）。

五、STIRPAT模型拟合

（一）CO_2 排放量分析

1988~2010 年青岛市与能源消费相关的 CO_2 排放量可由式（5-1）计算求得，如图 5-6 所示。结果表明，青岛市的 CO_2 排放量呈现逐年上升的趋势，由 1988 年的 519.72×10^4 吨增加到 2010 年的 8248.04×10^4 吨，年均增长率为 13.65%。尽管青岛市碳排放总量的增长速度有所放缓，但未来一段时间其节能减排和低碳发展工作依然面临较大的压力。

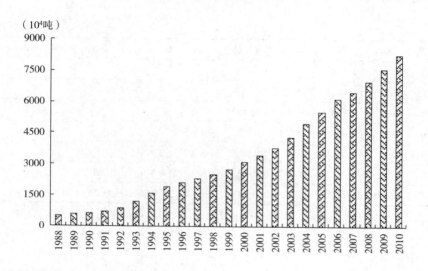

图 5 - 6 1988 ~ 2010 年青岛市的 CO_2 排放量

（二）共线性诊断

运用 SPSS18.0 进行相关性检验、共线性诊断和岭回归估计。变量之间的相关性检验结果如表 5 - 1 所示。由于大部分相关系数大于或约等于 0.9，说明各变量之间是高度相关的。为进一步检验各变量之间是否存在多重共线性问题，采用普通最小二乘法对所构建的 STIRPAT 模型进行回归分析，分析结果如表 5 - 2 所示。由结果可知，R^2 接近 1 且 F - 统计量的值较大，表明各变量之间可能存在多重共线性问题。此外，由于绝大多数的 VIF 值远远大于 10，可以断定各变量之间存在严重的多重共线性问题。而这也导致普通最小二乘法的分析结果不能确切地反映出 CO_2 排放量与驱动因子之间的关系，从侧面强调了消除多重共线性的必要性。

表 5 -1 相关性检验结果

	$\ln I$	$\ln P$	$\ln A$	$(\ln A)^2$	$\ln T$	$\ln U$	$\ln N$	$\ln G$	$\ln F$
$\ln I$	1								
$\ln P$	0.962 **	1							

续表

	$\ln I$	$\ln P$	$\ln A$	$(\ln A)^2$	$\ln T$	$\ln U$	$\ln N$	$\ln G$	$\ln F$
$\ln A$	0.997**	0.976**	1						
$(\ln A)^2$	0.993**	0.984**	0.999**	1					
$\ln T$	−0.957**	−0.995**	−0.974**	−0.984**	1				
$\ln U$	0.954**	0.993**	0.967**	0.975**	−0.985**	1			
$\ln N$	0.801**	0.856**	0.833**	0.850**	−0.893**	0.823**	1		
$\ln G$	0.974**	0.912**	0.966**	0.955**	−0.905**	0.890**	0.769**	1	
$\ln F$	0.561**	0.355	0.521*	0.482*	−0.347	0.364	0.198	0.611**	1

注：**表示在0.01水平（双侧）上显著相关，*表示在0.05水平（双侧）上显著相关。

表5-2　普通最小二乘法结果

	非标准化系数	t-统计量	Sig.	VIF
C	−13.484	−2.723	0.016	
$\ln P$	1.483	1.819	0.089	488.032
$\ln A$	1.049	25.104	0	168.034
$(\ln A)^2$	−1.373	−2.462	0.027	27794.058
$\ln T$	1.741	5.734	0	502.309
$\ln U$	0.155	1.109	0.285	123.478
$\ln N$	0.006	0.214	0.833	16.483
$\ln G$	0.179	1.259	0.227	37.550
$\ln F$	−0.019	−1.387	0.186	5.404
R^2	1.000			
F-统计量	9544.733			
Sig.	0.000			

（三）岭回归估计

针对所构建的 STIRPAT 模型，本书引入岭回归估计来绘制岭迹图，如图5-7所示。图5-8为 R^2 与岭回归系数 K 的关系。显然，当 K 等于0.37时，岭迹逐渐趋向稳定，相应的岭回归结果如表5-3所示。结果表明，所有变量的岭回归系数是显著的（$p < 0.05$）。此外，R^2 高达 0.9878，且 F - 统计量检验也是显著的（$p < 0.01$）。这说明所构建的 STIRPAT 模型的整体拟合度较好。

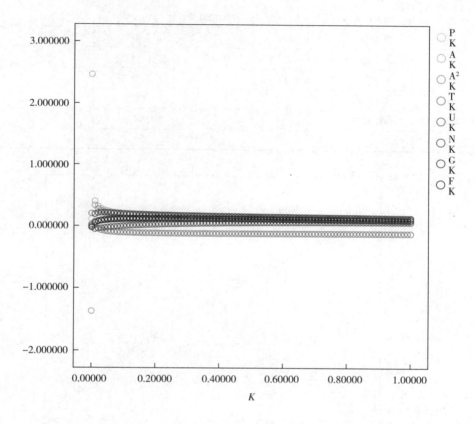

图 5 - 7　岭迹图

表 5 - 3　岭回归结果 （K = 0. 37）

	B	SE（B）	Beta	T	Sig.
C	- 7. 7557	0. 7005	0	- 11. 0709	0
ln$P$	1. 2334	0. 0807	0. 1293	15. 2881	0
ln$A$	0. 1329	0. 0056	0. 1596	23. 7101	0

续表

	B	SE（B）	Beta	T	Sig.
$(\ln A)^2$	0. 0067	0. 0003	0. 1520	24. 5318	0
$\ln T$	− 0. 4159	0. 0250	− 0. 1188	− 16. 6578	0
$\ln U$	0. 4198	0. 0409	0. 1291	10. 2615	0
$\ln N$	0. 0809	0. 0368	0. 0473	2. 1972	0. 0453
$\ln G$	0. 9908	0. 0950	0. 1656	10. 4270	0
$\ln F$	0. 1764	0. 0317	0. 1171	5. 5643	0
R^2	0. 9878				
F − 统计量	141. 9851				
Sig.	0				

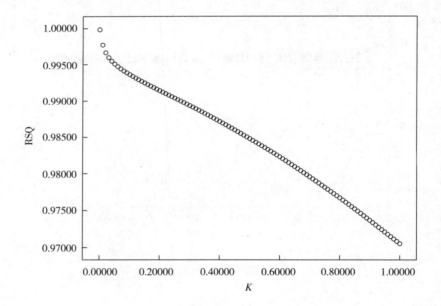

图 5 − 8　R^2 与岭回归系数 K 的关系

拟合得到的岭回归方程为：

$$\ln I = -7.7557 + 1.2334\ln P + 0.1329\ln A + 0.0067(\ln A)^2 - 0.4159\ln T +$$
$$0.4198\ln U + 0.0809\ln N + 0.9908\ln G + 0.1764\ln F \qquad (5-8)$$

不仅如此，为进一步检验 STIRPAT 模型的鲁棒性，利用式（5 - 1）计算了 2011 ~ 2014 年青岛市的 CO_2 排放量，并将其与 STIRPAT 模型的预测值进行对比以验证模型。模型检验结果如表 5 - 4 所示。结果表明，该模型的预测值与实际值基本吻合，平均相对误差为 5.22%。由此可以说明所构建的 STIRPAT 模型可以用于预测青岛市 2015 ~ 2030 年的 CO_2 排放量。

表 5 - 4　2011 ~ 2014 年青岛市 CO_2 排放量实际值与预测值对比

年份	CO_2 排放量（10^4 吨）	STIRPAT 模型预测值（10^4 吨）	相对误差（%）
2011	9763.81	9123.25	6.56
2012	9886.30	9685.70	2.03
2013	10818.16	9819.35	9.23
2014	11383.01	11731.19	3.06

六、青岛市碳排放峰值预测

（一）情景设定

对 STIRPAT 模型来说，其变量值的细微波动可能会显著地影响青岛市的 CO_2 排放量及其碳排放峰值的达峰时间。因此，本书运用情景分析来探究不同变量值的组合对青岛市未来 CO_2 排放量的影响。在实践中，人口增长、经济发展和快速城市化通常会导致 CO_2 排放量的增加，而能源强度的降低以及能源结构和工业结构的调整则有助于减少碳排放。因此，本书将 STIRPAT 模型中的驱动因子分为增碳因子（P、A、U 和 F）和减碳因子（T、N 和 G）两组，且假设每组驱动因子的未来变化趋势一致。

此外，将 2015 ~ 2030 年增碳因子和减碳因子的年变化率分为低、中、高三个水平，分别用 L、M 和 H 表示。基于上述假设，不同水平下两组驱动因子的组合共产生 8 种碳排放情景，如表 5 - 5 所示。显然，本书未考虑 L - H 情景，主要是由于当社会经济发展缓慢或基本停滞时，技术水平和产业结构不太可能提高和变化。针对不同水平下各驱动因子的变化率，其数据主要来源于青岛市城市总体规划、青岛市十二五规划、青岛市十二五节能规划和相关的案例、政策以及参考文献（青岛市发展改革委，2011，2012；青岛市人民政府，2011）。特别地，为与青岛市的五年规划相一致，2016 ~ 2030 年各驱动因子的年变化率取 5 年平均值。2015 ~ 2030 年 8 种碳排放情景下各驱动因子的年变化率的设定如表 5 - 6 所示。

表 5 - 5　碳排放情景设定

情景	增碳因子				减碳因子		
	P	A	U	F	T	N	G
L - L	L	L	L	L	L	L	L
L - M	L	L	L	L	M	M	M
M - L	M	M	M	M	L	L	L
M - M	M	M	M	M	M	M	M
M - H	M	M	M	M	H	H	H
H - L	H	H	H	H	L	L	L
H - M	H	H	H	H	M	M	M
H - H	H	H	H	H	H	H	H

表 5 - 6　不同情景下各驱动因子年变化率的设定　　　　　单位：%

情景	年份	P	A	U	F	T	N	G
L - L	2015	0.40	4.00	0.40	- 15.00	- 1.00	5.00	1.00
	2016 ~ 2020	0.20	3.00	0.20	- 11.00	- 0.60	3.00	0.80
	2021 ~ 2025	0.05	2.00	0.10	- 8.00	- 0.30	1.50	0.50
	2026 ~ 2030	- 0.05	1.00	0.05	- 6.00	- 0.10	0.50	0.20

续表

情景	年份	P	A	U	F	T	N	G
L－M	2015	0.40	4.00	0.40	－15.00	－2.00	7.00	1.50
	2016～2020	0.20	3.00	0.20	－11.00	－1.50	5.00	1.00
	2021～2025	0.05	2.00	0.10	－8.00	－1.00	3.50	0.60
	2026～2030	－0.05	1.00	0.05	－6.00	－0.50	2.50	0.30
M－L	2015	0.60	6.00	0.60	－20.00	－1.00	5.00	1.00
	2016～2020	0.40	4.00	0.40	－16.00	－0.60	3.00	0.80
	2021～2025	0.25	2.50	0.25	－13.00	－0.30	1.50	0.50
	2026～2030	0.15	1.50	0.15	－11.00	－0.10	0.50	0.20
M－M	2015	0.60	6.00	0.60	－20.00	－2.00	7.00	1.50
	2016～2020	0.40	4.00	0.40	－16.00	－1.50	5.00	1.00
	2021～2025	0.25	2.50	0.25	－13.00	－1.50	5.50	1.00
	2026～2030	0.15	1.50	0.15	－11.00	－1.00	4.50	0.50
H－L	2015	0.80	8.00	0.80	－25.00	－1.00	5.00	1.00
	2016～2020	0.60	6.00	0.60	－21.00	－0.60	3.00	0.80
	2021～2025	0.45	4.50	0.45	－19.00	－0.30	1.50	0.50
	2026～2030	0.35	3.50	0.35	－17.00	－0.10	0.50	0.20
H－M	2015	0.80	8.00	0.80	－25.00	－2.00	7.00	1.50
	2016～2020	0.60	6.00	0.60	－21.00	－1.50	5.00	1.00
	2021～2025	0.45	4.50	0.45	－19.00	－1.00	3.50	0.60
	2026～2030	0.35	3.50	0.35	－17.00	－0.50	2.50	0.30
H－H	2015	0.80	8.00	0.80	－25.00	－3.00	9.00	2.00
	2016～2020	0.60	6.00	0.60	－21.00	－2.00	7.00	1.50
	2021～2025	0.45	4.50	0.45	－19.00	－1.50	5.50	1.00
	2026～2030	0.35	3.50	0.35	－17.00	－1.00	4.50	0.50

（二）结果分析

图5－9为2015～2030年8种碳排放情景下青岛市的 CO_2 排放量。图中，不同碳排放情景下的碳峰值有显著的不同，由高到低依次为 M－H、

H–H、L–M、M–M、H–M、L–L、M–L、H–L，对应的峰值量分别是
13999.04×10^4 吨、13736.02×10^4 吨、13352.70×10^4
吨、12820.83×10^4 吨、12684.86×10^4 吨、12484.17×10^4 吨、12230.24×10^4 吨、12150.07×10^4 吨。一般来说，碳排放峰值是模型中增碳因子的促进作用与减碳因子的抑制作用的综合结果。

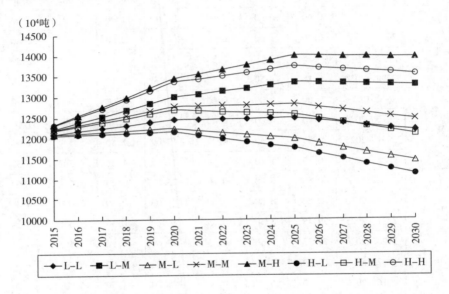

图 5 – 9　2015 ~ 2030 年不同情景下青岛市的 CO_2 排放量

此外，由图 5 – 9 可知，青岛市碳排放峰值的整体变化趋势与减碳因子的波动水平一致。主要原因是当减碳因子的年变化率波动较大时，其对 CO_2 排放的抑制作用相对较弱；而当减碳因子的年变化率波动较小时，其对 CO_2 排放的抑制作用相对较强。特别地，以 L – M、M – M 和 H – M 情景为例，当减碳因子的年变化率水平一定时，碳峰值的变化趋势与增碳因子的波动水平相反。这主要是由于对外贸易程度（F）对 CO_2 排放的促进作用随着年变化率水平的提高而明显减弱。

不同碳排放情景下青岛市碳峰值的达峰时间以及各驱动因子的预测值如表 5 – 7 所示。结果显示，M – L、H – L 和 H – M 情景下青岛市碳排放的峰

值年是 2020 年，而其他情景的峰值年是 2025 年。换句话说，青岛市要想在 2020 年达到碳排放峰值具有一定的难度。因此，为保证青岛市在 2020 年顺利达峰，青岛市政府应在"十三五"规划中制定一系列与社会经济发展、能源利用、产业升级等有关的政策并严格贯彻实施。

表 5 -7　不同情景下各驱动因子的预测值

峰值年	情景	P（10^4 人）	A（元）	T（吨标准煤/10^4 元）	U（%）	N（%）	G（%）	F（%）
2020	M - L	928.39	124482.38	0.61	70.21	3.42	53.81	2.76
	H - L	939.54	139504.56	0.61	71.05	3.42	53.81	1.90
	H - M	939.54	139504.56	0.57	71.05	3.84	54.62	1.90
2025	L - L	919.65	128485.95	0.60	69.72	3.68	55.17	2.58
	L - M	919.65	128485.95	0.54	69.72	4.56	56.28	2.58
	M - M	940.06	140840.38	0.54	71.09	4.56	56.28	1.38
	M - H	940.06	140840.38	0.51	71.09	5.61	59.13	1.38
	H - H	960.87	173848.06	0.51	72.66	5.61	59.13	0.66

　　具体来说，以最优碳排放情景 H - L 为例（见表 5 - 7），2020 年前，青岛市必须完成以下主要任务：①控制人口迁入的速度和规模，确保常住人口数量在 940 万人以内；②继续推进节能减排工作，降低能源强度至 0.61 吨标准煤/元以下；③推动城市化健康发展，确保城市化率达到 71.05% 以上；④优化能源结构，将非化石能源在一次能源消费中的比例提高至 3.42% 以上；⑤加快第三产业发展，确保第三产业增加值占 GDP 的比重达到 53.81% 以上；⑥调整经济结构，转变经济发展方式，适当扩大内需。

七、本章小结

　　为探究青岛市的 CO_2 排放量与不同驱动因子（常住人口、经济水平、技术水平、城市化水平、能源消费结构、服务业水平和对外贸易依存度）之间的关系，本章构建了扩展的 STIRPAT 模型，基于 1988～2010 年青岛市的相关数据，借助 SPSS 统计软件，利用岭回归对模型进行拟合。模型的拟合和验证结果证明所构建的 STIRPAT 模型可以用于预测青岛市未来的 CO_2 排放量。此外，为研究不同驱动因子的组合对 CO_2 排放量的影响，本章引入情景分析方法，得到了 2015～2030 年 8 种碳排放情景下青岛市的 CO_2 排放量。

研究结果表明：相对于其他 5 种情景，青岛市仅仅在 M－L、H－L 和 H－M 3 种情景下于 2020 年达到碳排放峰值。也就是说，青岛市要顺利实现 2020 年达到碳排放峰值的目标，将会面临相当大的压力。因此，为确保《青岛市低碳发展规划》（2014～2020 年）的成功实施，2020 年前青岛市政府应不遗余力地完成以下任务：合理地控制人口规模，保持稳定的经济增长速度，继续推进节能减排工作以降低能源强度，推动城市化健康发展，优化能源结构，加快第三产业的发展，调整经济结构，转变经济发展方式，积极扩大内需。

本章的研究结果不仅可以为青岛市建立碳排放峰值管理框架、设定合理的社会经济发展和碳减排目标提供理论基础，而且能够帮助决策者制定切实可行的节能减排实施措施。此外，研究结果可以为第六章开展的青岛市能源结构的优化和调整工作提供部分基础数据。最重要的是，本章可作为典型案例为其他低碳试点省市探寻低碳经济背景下适合本地区的低碳发展模式提供参考。

第六章
考虑碳排放峰值倒逼效应的
青岛市能源系统优化管理研究

一、引　言

　　作为现代工业经济的基石，能源在维持人类社会（工业、商业、交通和居民生活等）的可持续发展方面扮演着重要角色（Kongboontiam 和 Udomsri，2011）。随着经济的快速发展和人民生活水平的大幅提高，能源资源的消耗量显著增加。特别地，对于青岛来说，由于其总体上仍然处于工业化中后期，相应的工业化任务还没有完成，能源供应形势相当严峻。以 2013 年为例，青岛市的一次能源消耗总量为 5030 万吨标准煤，同比增长 5.70%。此外，煤、石油和天然气等化石能源在青岛市的能源结构中占据相当大的比重，2012 年更是达到了 85.08%。近年来，虽然青岛市在新能源（风能、太阳能、生物质能、海洋能等）的发展和利用方面取得了一定进展，但是其能源结构的调整和转型迫在眉睫。

　　不仅如此，化石能源的大量消耗和不合理的能源结构导致温室气体和大气污染物（主要包括 SO_2、NO_X、PM）排放量显著增加，给青岛市的环境保护工作带来了巨大压力。例如，官方统计数据显示，青岛市的 CO_2 排放量由 2012 年的 9886 万吨增长到 2013 年的 10818 万吨，并始终保持稳定的增长势头。这在一定程度上与《青岛市低碳发展规划》（2014～2020年）的预期相冲突，因为该规划承诺尽力让青岛市在 2020 年达到碳峰值。此外，青岛市采取了一系列的减排措施，尽管 SO_2、NO_X 和 PM 的排放总量出现了较为明显的下降趋势，分别从 2012 年的 996 万吨、1194 万吨、408 万吨下降到 2013 年的 968 万吨、1088 万吨、394 万吨，但其节能减排工作依然面临严峻的挑战。怎样加强青岛市能源系统管理以协调经济发展和环境保护之间的关系，最终实现低碳、可持续发展，是决策者面临的一个难题（Zhang，2011）。

事实上，对于一个真实的能源系统来说，经济技术参数和系统条件的动态变化、能源资源价格和未来电力需求的波动以及不同的环境保护政策等因素通常会导致其存在多重复杂性和不确定性（Trianni 等，2014；Xie 等，2014）。而上述复杂性和不确定性势必会对区域能源供需、发电设备扩容、资本投资以及温室气体和大气污染物排放等产生影响。因此，寻找有效的规划方法和优化技术以为不确定条件下的能源系统规划提供支持就显得尤为重要。

在过去的几十年间，为给区域能源系统的发展提供决策和管理方案，国内外相关学者引入了一系列优化方法以表征能源系统的多重复杂性和不确定性（Cai 等，2009；Hu 等，2014；Guo 等，2008；Lin 等，2009；Li 等，2013）。例如，Pereira 和 Pinto（1991）首次提出了一个解决多阶段随机优化问题的方法，并将其应用于水火发电系统的最优调度中。以能源生产成本最小化和污染物排放水平最低为目标，Stoyan 和 Dessouky（2012）构建了一个随机混合整数规划模型以满足给定区域的能源需求。Li 等（2012）考虑温室气体减排和可再生能源利用的问题，开发了一个区间多阶段随机规划模型以为不确定条件下的区域能源系统管理提供参考。为给能源环境系统的规划发展提供决策支持，Hu 等（2013）将传统能源和可再生能源及其对经济和环境的影响纳入考量，构建了基于可行性分析的区间模糊多阶段规划模型。

一般来说，区间参数规划（IPP）、混合整数规划（MixedInteger Programming，MIP）以及随机数学规划（SMP）［特别是多阶段随机规划（MSP）］或者是上述规划方法的组合方法确实可以有效地表征以区间和概率分布表示的复杂性和不确定性，可以应用于青岛市能源系统的规划和管理中。然而，作为国家第二批低碳省份和低碳城市试点之一，青岛市迫切希望能在 2020 年达到碳排放峰值。因此，在碳排放约束下调整和优化能源结构的同时，进一步挖掘碳减排潜力以实现低碳发展，是青岛市能源系统管理工作面临的主要任务。但到目前为止，很少有学者针对此问题开展研究。

因此，本书以青岛市为例，通过耦合区间参数规划（IPP）、多阶段随机规划（MSP）和混合整数规划（MIP）开发了区间多阶段随机混合整数规划（IMSMP）方法，为环境约束（特别是碳排放约束）和能源结构调整背景下的区域能源系统规划提供决策支持。其研究结果不仅可以帮助决策者获得多重不确定条件下较为经济的能源系统管理方案，而且可以让决策者在经济目标和环境保护的压力之间进行深入的权衡。具体来说，本书的主要任务如下：①构建基于区间多阶段随机混合整数规划的能源系统规划（IMSMP－ESP）模型以探求系统成本最小化条件下能源的调入、生产和调出方案以及发电、供热等设施的扩容方案；②在青岛市的 CO_2 排放达峰之前，识别能源系统的控制重点以促进能源结构调整；③提出能源、经济方面的政策建议供决策者参考，为青岛市最终实现低碳、可持续发展提供支持。

二、案例研究

（一）青岛市能源系统概述

青岛市长期以来面临严重的自然资源短缺，其一次能源（煤、石油和天然气）供应完全依赖外省市调入，这不可避免地给能源系统带来了一定的风险。青岛市能源生产类型主要是焦炭、汽油、柴油、热力、电力等二次能源。然而，由于生产能力有限（以风电、燃气联合循环和生物质热电联产机组为例，2015 年底其装机容量分别为 0.60 吉瓦、1.60 吉瓦和 0.03 吉瓦），加上日益增长的能源需求，青岛市的能源供需矛盾越来越突出。例如，2014 年青岛市的电力消费量是 337.82×10^3 吉瓦时（见图 6-1），而发电量仅为 184.53×10^3 吉瓦时，电力对外依存度约为 45%（青岛市统计局，2016）。

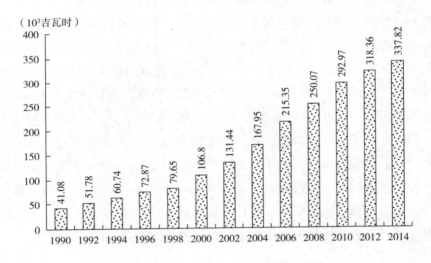

图 6-1　1990～2014 年青岛市的电力消费量

为缓解能源供应的紧张局面，确保区域能源安全，青岛市发布了一系列政策以促进新能源产业的发展和清洁能源的利用。例如，2014 年，青岛市推出了多项财政补贴政策以支持新能源汽车的示范和推广，并将其作为未来产业转型升级的主要方向。根据《青岛市新能源汽车产业发展规划（2014～2020 年）》，到 2017 年和 2020 年，新能源汽车（包括纯电动汽车、增程式汽车、插电式混合动力汽车、燃料电池汽车及液化天然气汽车）的年生产能力将分别达到 5 万辆和 12 万辆，而新能源汽车产业总产值将分别达到 300 亿元和 850 亿元（青岛市人民政府，2015）。

不仅如此，考虑到青岛市的地理特征和资源禀赋，风能、太阳能、生物质能和海洋能将是青岛市清洁能源产业未来的发展重点。此外，根据《青岛市大气污染综合防治规划纲要（2013～2016 年)》，到 2016 年底，清洁能源占能源消费总量的比重将达到 10%（青岛市人民政府，2013）。特别地，青岛市于 2014 年制定出台了《青岛市十大新兴产业发展总体规划（2014～2020 年)》（青岛市发展改革委，2014）。根据该规划提出的发展目标，海洋新能源产业的产值将达到 100 亿元。在城市供热方面，青岛市 2014 年的供热耗煤量下降了 2.3 万吨。同时，2014 年出台的《青岛市清洁能源供热专项规划（2014～2020 年)》指出，青岛市的清洁能源供热技术（污水源热泵、空气源热泵、海水源热泵、土壤源热泵、燃气三联供和移动蓄能技术）发展迅速，而清洁能源供热面积占比有望在 2020 年底达到 57%（青岛市人民政府，2014）。

（二）问题的提出

青岛市的清洁能源产业发展迅速，化石能源消费量得到了有效控制，但短期内要想改变化石能源占主导地位的现状比较困难。此外，面对日益严重的环境污染特别是温室效应问题，青岛市的能源结构调整和优化工作任重而道远。因此，借助优化模型和情景分析方法，本章致力于解决以下问题：①在大气污染物特别是 CO_2 排放约束下，如何在优化能源资源的供应（包括调入、本地生产和调出）方案、合理安排电力及热力的生产方案的同时保证系统成本最低；②在青岛市的 CO_2 排放达峰之前，辨识其能源结构调整工作的控制重点和主要方向；③为确保青岛市顺利实现低碳、可持续发展，需进一步明确其未来碳减排工作的着力点。

<h1 style="text-align:center">三、模型构建</h1>

（一） IMSMP – ESP 模型

图 6 – 2 为青岛市能源系统的示意图。由图可知，本书着重考虑了 2 种能源加工技术（炼焦、炼油）和 9 种电力、热力转换技术（风电、光伏发电、燃煤热电联产、燃气供热及热泵技术等）。同时，原煤、原油、天然气、焦炭、汽油、柴油、液化石油气（LPG）、电力等能源类型和工业、居民用户、商业等终端用户也被纳入该系统中。此外，能源消费产生的代谢产物主要考虑了 SO_2、NO_x、PM 等大气污染物和 CO_2。

一般来说，青岛市的能源系统管理工作受多种因子（如经济成本、能源资源可获得性、能源转换效率、设备扩容等）和多个过程（能源的生产、转换、运输和利用等）的影响。而上述因子（特别是它们之间的交互作用）和过程通常比较复杂且伴随着多种不确定性，需要决策者统筹考虑。特别地，从长远来看，规划期内该地区的电力需求量通常被表示为具有一定概率分布的随机变量。相应地，相关的电力和热力生产方案也呈现出动态变化的特征（Xie 等，2014）。因此，在不同的概率水平下，每个时期都需要对电力、热力的生产分配方案做出决策以满足该地区的电力和热力需求（Li 等，2010）。上述问题可以通过引入多阶段随机规划（MSP）方法来解决。在 MSP中，不确定性可以概念化为一个多层情景树，而随机变量与每个时期的节点（表示系统状态）呈一一对应的关系（Gu 等，2013）。然而，某些系统参数的概率分布有时很难获得，仅仅能够得到其估计值。根据 Huang 等（1996）提出的区间参数规划（IPP），上述参数可以表述为下限和上限的离散区间形式。但是，MSP 和 IPP 两种方法不能解决能源系统规划中的设备扩容问题。

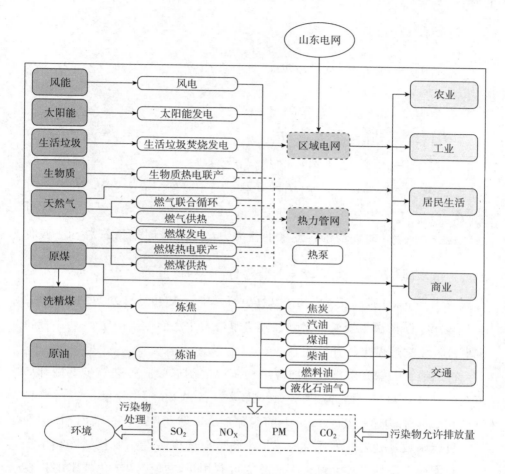

图 6 - 2　青岛市能源系统示意图

本书通过引入混合整数规划（MIP）方法，利用二元变量的取值来表示相关设备扩容与否（1 代表扩容，0 代表不扩容）（Cai 等，2009）。因此，基于 IPP、MSP 和 MIP 的耦合方法，构建的区间多阶段随机混合整数规划（IMSMP）模型如下：

目标函数：

$$\min f^{\pm} = \sum_{t=1}^{T}\left(\sum_{j=1}^{n_1} c_{jt}^{\pm} x_{jt}^{\pm} + \sum_{j=1}^{n_2}\sum_{h=1}^{H_t} p_{th} d_{jt}^{\pm} y_{jth}^{\pm}\right) \tag{6-1a}$$

约束条件：

$$\sum_{j=1}^{n_1} a_{rjt}^{\pm} x_{jt}^{\pm} \leqslant b_{rt}^{\pm}, r = 1, 2, \cdots, m_1; t = 1, 2, \cdots, T \tag{6-1b}$$

$$\sum_{j=1}^{n_1} a_{ijt}^{\pm} x_{jt}^{\pm} + \sum_{j=1}^{n_2} a'^{\pm}_{ijt} y_{jth}^{\pm} \leqslant \hat{w}_{ith}^{\pm}, i = 1, 2, \cdots, m_2;$$
$$t = 1, 2, \cdots, T; h = 1, 2, \cdots, H_t \tag{6-1c}$$

$$x_{jt}^{\pm} \geqslant 0, \ j = 1, \ 2, \ \cdots, \ n_1; \ t = 1, \ 2, \ \cdots, \ T \tag{6-1d}$$

$$y_{jth}^{\pm} \geqslant 0, \ j = 1, \ 2, \ \cdots, \ n_2; \ t = 1, \ 2, \ \cdots, \ T; \ h = 1, \ 2, \ \cdots, \ H_t$$
$$\tag{6-1e}$$

其中，p_{th} 为 t 时期情景 h 发生的概率，H_t 表示 t 时期情景总和。各时期每个情景都对应着一定的概率水平 p_{th}（$p_{th} > 0$ 且 $\sum_{h=1}^{H_t} p_{th} = 1$）。$\hat{w}_{ith}^{\pm}$ 表示具有概率水平 p_{th} 的随机变量。在模型（6 - 1）中，决策变量分为两个子集：$x_{jt}^{\pm}$ 代表第一阶段决策变量，必须在随机事件发生之前做出决定；$y_{jth}^{\pm}$ 代表随机事件发生之后做出的补偿追索。

特别地，为探究碳排放对能源结构调整的倒逼效应，进一步挖掘青岛市在碳排放达峰之后的减排潜力，将碳排放约束纳入考量。结合模型（6 - 1），本书构建的基于 IMSMP 的能源系统规划（IMSMP - ESP）模型如下：目标函数是规划期内系统成本最小化，而约束条件主要包括终端用户对不同能源资源的需求、可再生能源的可利用量、加工和转化技术的扩容方案、区域 CO_2 和大气污染物（SO_2、NO_x 和 PM）的允许排放量等。

目标函数：

$$\min f^{\pm} = (a) - (b) + (c) + (d) + (e) \tag{6-2a}$$

［能源资源的购买成本］

$$(a) = \sum_{i=1}^{10} \sum_{t=1}^{3} IMP_{it}^{\pm} \cdot PIM_{it}^{\pm} + \sum_{t=1}^{3} \sum_{h=1}^{3} p_{th} \cdot IE_{th}^{\pm} \cdot PIE_t^{\pm} \tag{6-2b}$$

［汽油、煤油、柴油、燃料油和液化石油气（LPG）的出售收益］

$$(b) = \sum_{i=6}^{10} \sum_{t=1}^{3} EXP_{it}^{\pm} \cdot SEX_{it}^{\pm} \tag{6-2c}$$

［洗精煤、电力及热力的加工和生产成本］

$$(c) = \sum_{t=1}^{3} LGA_{4t}^{\pm} \cdot PCP_{t}^{\pm} + \sum_{k=1}^{2} \sum_{t=1}^{3} RCP_{kt}^{\pm} \cdot OCP_{kt}^{\pm} + \sum_{j=1}^{7} \sum_{t=1}^{3} PV_{jt}^{\pm} \cdot$$

$$W_{jt}^{\pm} + \sum_{j=1}^{7} \sum_{t=1}^{3} \sum_{h=1}^{3} p_{th} \cdot (PV_{jt}^{\pm} + PP_{jt}^{\pm}) \cdot Q_{jth}^{\pm} + \sum_{j=8}^{10} \sum_{t=1}^{3} \sum_{h=1}^{3} p_{th} \cdot$$

$$HAH_{jth}^{\pm} \cdot OCH_{jt}^{\pm} \tag{6-2d}$$

［扩容成本］

$$(d) = \sum_{k=1}^{2} \sum_{m=1}^{3} \sum_{t=1}^{3} YEP_{ktm}^{\pm} \cdot ECP_{ktm} \cdot ICEP_{kt}^{\pm} + \sum_{j=1}^{7} \sum_{m=1}^{3} \sum_{t=1}^{3} \sum_{h=1}^{3} p_{th} \cdot YEE_{jtmh}^{\pm} \cdot$$

$$EC_{jtm} \cdot ICC_{jt}^{\pm} + \sum_{j=8}^{10} \sum_{m=1}^{3} \sum_{t=1}^{3} \sum_{h=1}^{3} p_{th} \cdot YEH_{jtmh}^{\pm} \cdot ECH_{jtm} \cdot ICCH_{jt}^{\pm}$$

$$\tag{6-2e}$$

［大气污染物处理成本］

$$(e) = \sum_{k=1}^{2} \sum_{p=1}^{3} \sum_{t=1}^{3} RCP_{kt}^{\pm} \cdot EIP_{ktp}^{\pm} \cdot \eta_{ktp}^{\pm} \cdot CMP_{ktp}^{\pm} + \sum_{j=1}^{7} \sum_{p=1}^{3} \sum_{t=1}^{3} \sum_{h=1}^{3} (W_{jt}^{\pm} + p_{th} \cdot$$

$$Q_{jth}^{\pm}) \cdot EIPC_{jtp}^{\pm} \cdot \lambda_{jtp}^{\pm} \cdot CM_{jtp}^{\pm} + \sum_{j=8}^{10} \sum_{p=1}^{3} \sum_{t=1}^{3} \sum_{h=1}^{3} p_{th} \cdot HAH_{jth}^{\pm} \cdot EIPH_{jtp}^{\pm} \cdot$$

$$\delta_{jtp}^{\pm} \cdot CMH_{jtp}^{\pm} \tag{6-2f}$$

约束条件：

$$IMP_{it}^{\pm} \geqslant \sum_{j=4}^{5} (W_{jt}^{\pm} + Q_{jth}^{\pm}) \cdot FE^{\pm}/ECE_{jt}^{\pm} + \sum_{j=8}^{8} HAH_{jth}^{\pm}/HCEH_{jt}^{\pm} + LGA_{4t}^{\pm}/CEC_{t}^{\pm} +$$

$$DE_{it}^{\pm}, i = 1; \forall t, h \tag{6-2g}$$

［原煤供需平衡约束］

$$IMP_{it}^{\pm} \geqslant RCP_{kt}^{\pm} \cdot HV_{it}^{\pm} + DE_{it}^{\pm}, \quad i = k = 2; \quad \forall t \tag{6-2h}$$

［原油供需平衡约束］

$$IMP_{it}^{\pm} \geqslant \sum_{j=6}^{6} (W_{jt}^{\pm} + Q_{jth}^{\pm}) \cdot FE^{\pm}/ECE_{jt}^{\pm} + \sum_{j=9}^{9} HAH_{jth}^{\pm}/HCEH_{jt}^{\pm} + DE_{it}^{\pm}, i = 3;$$

$$\forall t, h \tag{6-2i}$$

［天然气供需平衡约束］

$$IMP_{it}^{\pm} + LGA_{it}^{\pm} \geqslant RCP_{kt}^{\pm} \cdot HV_{it}^{\pm} + DE_{it}^{\pm}, \quad i = 4, \quad k = 1; \quad \forall t \tag{6-2j}$$

[洗精煤供需平衡约束]

$$IMP_{it}^{\pm} + LGA_{it}^{\pm} \geqslant DE_{it}^{\pm} , \; i = 5; \; \forall t \qquad (6-2k)$$

[焦炭供需平衡约束]

$$IMP_{it}^{\pm} - EXP_{it}^{\pm} + LGA_{it}^{\pm} \geqslant DE_{it}^{\pm} , \; 6 \leqslant i \leqslant 10; \; \forall t \qquad (6-2l)$$

[汽油、煤油、柴油、燃料油和 LPG 供需平衡约束]

$$\left[IE_{th}^{\pm} + \sum_{j=1}^{7} (W_{jt}^{\pm} + Q_{jth}^{\pm}) \right] \cdot (1 - LLRE_{t}^{\pm}) \geqslant DTE_{th}^{\pm}, \forall t, h \qquad (6-2m)$$

[电力供需平衡约束]

$$\left(\sum_{j=5}^{7} HAT_{jth}^{\pm} + \sum_{j=8}^{10} HAH_{jth}^{\pm} \right) \cdot EHS_{t}^{\pm} \geqslant DE_{it}^{\pm}, i = 12; \forall t, h \qquad (6-2n)$$

[热力供需平衡约束]

$$W_{jt}^{\pm} \geqslant Q_{jth}^{\pm} \geqslant 0, \; 1 \leqslant j \leqslant 7; \; \forall t, \; h \qquad (6-2o)$$

[目标发电量和缺失发电量关系约束]

$$LGA_{it}^{\pm} = RCP_{kt}^{\pm} \cdot HV_{it}^{\pm} \cdot CEP_{kt}^{\pm} \cdot \alpha_{kit}, \; k = 1, \; i = 5; \; \forall t \qquad (6-2p)$$

[炼焦过程物料守恒约束]

$$LGA_{it}^{\pm} = RCP_{kt}^{\pm} \cdot HV_{it}^{\pm} \cdot CEP_{kt}^{\pm} \cdot \alpha_{kit}, \; k = 2, \; 6 \leqslant i \leqslant 10; \; \forall t \qquad (6-2q)$$

[炼油过程物料守恒约束]

$$(W_{jt}^{\pm} + Q_{jth}^{\pm}) \cdot FE^{\pm} / ECE_{jt}^{\pm} \leqslant AVA_{jt}^{\pm} , \; j = 1, \; 2, \; 3, \; 7; \; \forall t, \; h \qquad (6-2r)$$

[电厂、热电厂可再生能源资源可利用量约束]

$$HAH_{jth}^{\pm} / HCEH_{jt}^{\pm} \leqslant AVA_{jt}^{\pm}, \; j = 10; \; \forall t, \; h \qquad (6-2s)$$

[热力厂可再生能源资源可利用量约束]

$$IMP_{it}^{\pm} \leqslant \max I_{it}^{\pm}, \; 1 \leqslant i \leqslant 10; \; \forall t \qquad (6-2t)$$

[能源资源调入量约束]

$$IE_{th}^{\pm} \leqslant \max IE_{t}^{\pm}, \; \forall t, \; h \qquad (6-2u)$$

[电力调入量约束]

$$EXP_{it}^{\pm} \leqslant \max E_{it}^{\pm}, \; 6 \leqslant i \leqslant 10; \; \forall t \qquad (6-2v)$$

[能源资源调出量约束]

$$EXP_{it}^{\pm} \leqslant LGA_{it}^{\pm}, \; 6 \leqslant i \leqslant 10; \; \forall t \qquad (6-2w)$$

[能源资源调出量和本地生产量关系约束]

$$RCP_{kt}^{\pm} = RCP_{k0} + \sum_{m=1}^{3} YEP_{ktm}^{\pm} \cdot ECP_{ktm}, t = 1; \forall k \qquad (6-2\text{x})$$

［第1时期炼焦、炼油过程生产能力动态平衡约束］

$$RCP_{kt}^{\pm} = RCP_{k(t-1)}^{\pm} + \sum_{m=1}^{3} YEP_{ktm}^{\pm} \cdot ECP_{ktm}, t \geqslant 2; \forall k \qquad (6-2\text{y})$$

［第2、第3时期炼焦、炼油过程生产能力动态平衡约束］

$$RC_{jth}^{\pm} = RC_{j0} + \sum_{m=1}^{3} YEE_{jtmh}^{\pm} \cdot EC_{jtm}, t = 1, 1 \leqslant j \leqslant 7; \forall h \qquad (6-2\text{z})$$

［第1时期电厂、热电厂装机容量动态平衡约束］

$$RC_{jth}^{\pm} = RC_{j(t-1)h}^{\pm} + \sum_{m=1}^{3} YEE_{jtmh}^{\pm} \cdot EC_{jtm}, t \geqslant 2, 1 \leqslant j \leqslant 7; \forall h \qquad (6-2\text{aa})$$

［第2、第3时期电厂、热电厂装机容量动态平衡约束］

$$RCH_{jth}^{\pm} = RCH_{j0} + \sum_{m=1}^{3} YEH_{jtmh}^{\pm} \cdot ECH_{jtm}, t = 1; 8 \leqslant j \leqslant 10; \forall h \qquad (6-2\text{ab})$$

［第1时期热力厂装机容量动态平衡约束］

$$RCH_{jth}^{\pm} = RCH_{j(t-1)h}^{\pm} + \sum_{m=1}^{3} YEH_{jtmh}^{\pm} \cdot ECH_{jtm}, t \geqslant 2; 8 \leqslant j \leqslant 10; \forall h$$

$$(6-2\text{ac})$$

［第2、第3时期热力厂装机容量动态平衡约束］

$$W_{jt}^{\pm} + Q_{jth}^{\pm} \leqslant h_{jt}^{\pm} \cdot RC_{jth}^{\pm}, 1 \leqslant j \leqslant 7; \forall t, h \qquad (6-2\text{ad})$$

［电厂、热电厂电力生产容量约束］

$$(W_{jt}^{\pm} + Q_{jth}^{\pm}) \cdot (1 - LLRE_{t}^{\pm}) \geqslant \beta \cdot DTE_{th}^{\pm}, 1 \leqslant j \leqslant 7; \forall t, h \qquad (6-2\text{ae})$$

［本地供电比例约束］

$$HAH_{jth}^{\pm} \leqslant h_{jt}^{\pm} \cdot RCH_{jth}^{\pm} \cdot FE^{\pm}, 8 \leqslant j \leqslant 10; \forall t, h \qquad (6-2\text{af})$$

［热力厂热力生产容量约束］

$$HAT_{jth}^{\pm} = (W_{jt}^{\pm} + Q_{jth}^{\pm}) \cdot HER_{jt}^{\pm} \cdot FE^{\pm}, 5 \leqslant j \leqslant 7; \forall t, h \qquad (6-2\text{ag})$$

［热电厂热电比约束］

$$\sum_{k=1}^{2} RCP_{kt}^{\pm} \cdot EIP_{ktp}^{\pm} \cdot (1 - \eta_{ktp}^{\pm}) + \sum_{j=1}^{7} (W_{jt}^{\pm} + Q_{jth}^{\pm}) \cdot EIPC_{jtp}^{\pm} \cdot (1 - \lambda_{jtp}^{\pm}) +$$

$$\sum_{j=8}^{10} HAH_{jth}^{\pm} \cdot EIPH_{jtp}^{\pm} \cdot (1 - \delta_{jtp}^{\pm}) \leqslant EAP_{tp}^{\pm}, \forall p, t, h \qquad (6-2\text{ah})$$

[大气污染物允许排放量约束]

$$\sum_{i=1}^{10} DE_{it}^{\pm} \cdot CECO_{it} + \sum_{k=1}^{2} RCP_{kt}^{\pm} \cdot EIC_{kt}^{\pm} + \sum_{j=1}^{7} (W_{jt}^{\pm} + Q_{jth}^{\pm}) \cdot EICC_{jt}^{\pm} +$$

$$\sum_{j=8}^{10} HAH_{jth}^{\pm} \cdot EICH_{jt}^{\pm} \leqslant EAC_{t}^{s}, \forall t, h \qquad (6-2ai)$$

[CO$_2$允许排放量约束]

$$YEP_{ktm}^{\pm} = \begin{cases} 0 \\ 1 \end{cases}, \forall k, m, t; \sum_{m=1}^{3} YEP_{ktm}^{\pm} = 1, \forall k, t \qquad (6-2aj)$$

[炼焦、炼油过程扩容约束]

$$YEE_{jtmh}^{\pm} = \begin{cases} 0 \\ 1 \end{cases}, \forall j, m, t, h \sum_{m=1}^{3} YEE_{jtmh}^{\pm} = 1, 1 \leqslant j \leqslant 7; \forall t, h \qquad (6-2ak)$$

[电厂、热电厂扩容约束]

$$YEH_{jtmh}^{\pm} = \begin{cases} 0 \\ 1 \end{cases}, \forall j, m, t, h; \sum_{m=1}^{3} YEH_{jtmh}^{\pm} = 1, 8 \leqslant j \leqslant 10; \forall t, h \qquad (6-2al)$$

[热力厂扩容约束]

$$IMP_{it}^{\pm}, IE_{th}^{\pm}, LGA_{it}^{\pm}, EXP_{it}^{\pm}, HAT_{jth}^{\pm}, HAH_{jth}^{\pm}, RCP_{kt}^{\pm}, RC_{jth}^{\pm}, RCH_{jth}^{\pm} \geqslant 0 \qquad (6-2am)$$

[非负约束]

模型（6-2）中变量及参数的详细含义如下：

$f^{\pm}$表示规划期内系统成本(元)；

i为能源资源类型($i=1$代表原煤，$i=2$代表原油，$i=3$代表天然气，$i=4$代表洗精煤，$i=5$代表焦炭，$i=6$代表汽油，$i=7$代表煤油，$i=8$代表柴油，$i=9$代表燃料油，$i=10$代表液化石油气，$i=11$代表电力，$i=12$代表热力)；

k为加工技术类型($k=1$代表炼焦，$k=2$代表炼油)；

j为转换技术类型($j=1$代表风电，$j=2$代表光伏发电，$j=3$代表垃圾焚烧发电，$j=4$代表燃煤发电，$j=5$代表燃煤热电联产，$j=6$代表燃气联合循环，$j=7$代表生物质热电联产，$j=8$代表燃煤供热，$j=9$代表燃气供热，$j=10$代表热泵技术)；

p 为污染物类型（$p=1$ 代表 SO_2，$p=2$ 代表 NO_x，$p=3$ 代表 PM）；

s 为 CO_2 排放情景（$s=$ L－L，L－M，M－L，M－M，M－H，H－L，H－M，H－H）；

h 为电力需求水平（$h=1$，2，3 分别代表低（L^*），中（M^*），高（H^*）需求水平）

t 为规划期（$t=1$，2，3）；

m 为扩容选项（$m=1$，2，3）。

1. 决策变量

$IMP_{it}^{\pm}$ 为 t 时期 i 能源资源类型的调入量（吨焦）；

$IE_{th}^{\pm}$ 为 t 时期 h 水平下的电力调入量（吉瓦时）；

$EXP_{it}^{\pm}$ 为 t 时期 i 能源资源类型的调出量（吨焦）；

$LGA_{it}^{\pm}$ 为 t 时期能源资源类型 i 的本地生产量（吨焦）；

$W_{jt}^{\pm}$ 为 t 时期 j 转换技术的目标发电量（吉瓦时）；

$Q_{jth}^{\pm}$ 为 t 时期 h 水平下 j 转换技术的缺失发电量（吉瓦时）；

$HAT_{jth}^{\pm}$ 为 t 时期 h 水平下 j 转换技术（热电厂）的热力生产量（吨焦）；

$HAH_{jth}^{\pm}$ 为 t 时期 h 水平下 j 转换技术（热力厂）的热力生产量（吨焦）；

$RCP_{kt}^{\pm}$ 为 t 时期 k 加工技术的生产能力（10^4 吨）；

$RC_{jth}^{\pm}$ 为 t 时期 h 水平下 j 转换技术（电厂、热电厂）的装机容量（吉瓦）；

$RCH_{jth}^{\pm}$ 为 t 时期 h 水平下 j 转换技术（热力厂）的装机容量（吉瓦）；

$YEP_{ktm}^{\pm}$ 为二元变量，用于确定 t 时期 k 加工技术是否需要以 m 扩容选项进行扩容；

$YEE_{jtmh}^{\pm}$ 为二元变量，用于确定 t 时期 h 水平下 j 转换技术（电厂、热电厂）是否需要以 m 扩容选项进行扩容；

$YEH_{jtmh}^{\pm}$ 为二元变量，用于确定 t 时期 h 水平下 j 转换技术（热力厂）是否需要以 m 扩容选项进行扩容。

2. 参数

$PIM_{it}^{\pm}$ 为 t 时期 i 能源资源类型的购买成本（10^3 元/吨焦）；

$PIE_t^{\pm}$ 为 t 时期电力的调入成本（10^3 元/吉瓦时）；

$SEX_{it}^{\pm}$ 为 t 时期 i 能源资源类型的出售价格（10^3 元/吨焦）；

$HV_{it}^{\pm}$ 为 t 时期 i 能源资源类型的热值（吨焦/10^4 吨）；

$PCP_t^{\pm}$ 为 t 时期洗精煤的生产成本（元/吨焦）；

$CEC_t^{\pm}$ 为 t 时期的洗煤效率（%）；

p_{th} 为 t 时期 h 水平发生的概率（%）；

α_{kit} 为 t 时期 k 加工技术的产品中 i 能源资源类型的比例（%）；

$OCP_{kt}^{\pm}$ 为 t 时期 k 加工技术的运行成本（10^3 元/10^4 吨）；

ECP_{ktm} 为 t 时期 k 加工技术的 m 扩容选项对应的扩容量（10^4 吨）；

$ICEP_{kt}^{\pm}$ 为 t 时期 k 加工技术扩容的投资成本（10^3 元/10^4 吨）；

$PV_{jt}^{\pm}$ 为 t 时期 j 转换技术（电厂、热电厂）的常规发电成本（10^3 元/吉瓦时）；

$PP_{jt}^{\pm}$ 为 t 时期 j 转换技术（电厂、热电厂）的惩罚发电成本（10^3 元/吉瓦时）；

EC_{jtm} 为 t 时期 j 转换技术（电厂、热电厂）的 m 扩容选项对应的扩容量（吉瓦）；

$ICC_{jt}^{\pm}$ 为 t 时期 j 转换技术（电厂、热电厂）扩容的投资成本（10^6 元/吉瓦）；

$OCH_{jt}^{\pm}$ 为 t 时期 j 转换技术（热力厂）的运行成本（10^3 元/吨焦）；

ECH_{jtm} 为 t 时期 j 转换技术（热力厂）的 m 扩容选项对应的扩容量（吉瓦）；

$ICCH_{jt}^{\pm}$ 为 t 时期 j 转换技术（热力厂）扩容的投资成本（10^6 元/吉瓦）；

$HER_{jt}^{\pm}$ 为 t 时期 j 转换技术（热电厂）的热电比；

RCP_{k0} 为 k 加工技术的初始生产能力（10^4 吨）；

RC_{j0} 为 j 转换技术（电厂、热电厂）的初始装机容量（吉瓦）；

RCH_{j0} 为 j 转换技术（热力厂）的初始装机容量（吉瓦）；

$CEP_{kt}^{\pm}$ 为 t 时期 k 加工技术的转换效率（%）；

$ECE_{jt}^{\pm}$ 为 t 时期 j 转换技术（电厂、热电厂）的发电转换效率（%）；

$FE^{\pm}$ 为单位转换系数（吨焦/吉瓦时）；

$HCEH_{jt}^{\pm}$ 为 t 时期 j 转换技术（热力厂）的产热转换效率（%）；

$AVA_{jt}^{\pm}$ 为 t 时期 j 转换技术对应的可再生能源资源的可获得量（吨焦）；

$EIP_{ktp}^{\pm}$ 为 t 时期 k 加工技术对应的 p 污染物的排放强度(吨/10^4 吨);

$EIC_{kt}^{\pm}$ 为 t 时期 k 加工技术对应的 CO_2 的排放强度(吨/10^4 吨);

$EIPC_{jtp}^{\pm}$ 为 t 时期 j 转换技术(电厂、热电厂)对应的 p 污染物的排放强度(吨/吉瓦时);

$EICC_{jt}^{\pm}$ 为 t 时期 j 转换技术(电厂、热电厂)对应的 CO_2 的排放强度(吨/10^4 吨);

$EIPH_{jtp}^{\pm}$ 为 t 时期 j 转换技术(热力厂)对应的 p 污染物的排放强度(吨/吨焦);

$EICH_{jt}^{\pm}$ 为 t 时期 j 转换技术(热力厂)对应的 CO_2 的排放强度(吨/吨焦);

$\eta_{ktp}^{\pm}$ 为 t 时期 k 加工技术对应的 p 污染物的去除率(%);

$\lambda_{jtp}^{\pm}$ 为 t 时期 j 转换技术(电厂、热电厂)对应的 p 污染物的去除率(%);

$\delta_{jtp}^{\pm}$ 为 t 时期 j 转换技术(热力厂)对应的 p 污染物的去除率(%);

$CMP_{ktp}^{\pm}$ 为 t 时期 k 加工技术对应的 p 污染物的去除成本(元/吨);

$CM_{jtp}^{\pm}$ 为 t 时期 j 转换技术(电厂、热电厂)对应的 p 污染物的去除成本(元/吨);

$CMH_{jtp}^{\pm}$ 为 t 时期 j 转换技术(热力厂)对应的 p 污染物的去除成本(元/吨);

$EAP_{tp}^{\pm}$ 为 t 时期 p 污染物的允许排放量(吨);

EAC_{t}^{s} 为 t 时期 s 情景下 CO_2 的允许排放量(10^5 吨);

$LLRE_{t}^{\pm}$ 为 t 时期输电线损率(%);

$EHS_{t}^{\pm}$ 为 t 时期供热效率(%);

$DE_{it}^{\pm}$ 为 t 时期 i 能源资源类型的终端需求量(10^3 吨焦);

$DTE_{th}^{\pm}$ 为 t 时期 h 水平下的电力需求量(10^3 吉瓦时);

$CECO_{it}$ 为 t 时期 i 能源资源类型的 CO_2 排放强度(吨/吨焦);

$h_{jt}^{\pm}$ 为 t 时期 j 转换技术的运行时间(小时);

β 为本地供电比例(%);

$maxI_{it}^{\pm}$ 为 t 时期 i 能源资源类型的最大调入量(10^3 吨焦);

$\max IE_t^{\pm}$ 为 t 时期电力的最大调入量（10^3 吉瓦时）；

$\max E_{it}^{\pm}$ 为 t 时期 i 能源资源类型的最大调出量（10^3 吨焦）。

（二）模型求解过程

在 IMSMP – ESP 模型中，对于不同电力转换技术来说，其目标发电量的下限和上限（W_{jt}^-、W_{jt}^+）是预先给定的，需要通过求解模型以获得最优目标发电量，并且在满足区域电力需求的前提下使系统成本达到最小化。具体求解思路是：令 $W_{jt} = W_{jt}^- + \Delta W_{jt} \cdot u_{jt}$，其中 $\Delta W_{jt} = （W_{jt}^+ - W_{jt}^-）$且 $u_{jt} \in [0, 1]$。这里的 u_{jt} 是决策变量，用来求解最优目标发电量（W_{jt}），进而为相关的政策分析提供支持。举个例子，如果 W_{jt} 达到目标发电量的上限（$u_{jt} = 1$），此时终端用户的电力需求基本得到满足。相应地，系统的成本较低且惩罚发电成本几乎可以忽略不计(Zhu 等，2011)。相反，如果 W_{jt} 接近目标发电量的下限（$u_{jt} = 0$），此时发电量很有可能满足不了终端用户的电力需求，进而导致系统成本偏高。

因此，基于 Huang 和 Loucks（2000）提出的交互式算法，通过引入决策变量 u_{jt}，IMSMP – ESP 模型可以转换为两个确定的子模。由于目标函数是求系统成本的最小值，因此首先拆分对应目标函数下限的子模型 f^-：

目标函数：

$$\min f^- = （a）-（b）+（c）+（d）+（e） \tag{6-3a}$$

$$（a）= \sum_{i=1}^{10} \sum_{t=1}^{3} IMP_{it}^- \cdot PIM_{it}^- + \sum_{t=1}^{3} \sum_{h=1}^{3} p_{th} \cdot IE_{th}^- \cdot PIE_t^- \tag{6-3b}$$

$$（b）= \sum_{i=6}^{10} \sum_{t=1}^{3} EXP_{it}^+ \cdot SEX_{it}^+ \tag{6-3c}$$

$$（c）= \sum_{t=1}^{3} LGA_{4t}^- \cdot PCP_t^- + \sum_{k=1}^{2} \sum_{t=1}^{3} RCP_{kt}^- \cdot OCP_{kt}^- + \sum_{j=1}^{7} \sum_{t=1}^{3} PV_{jt}^- \cdot W_{jt} +$$

$$\sum_{j=1}^{7} \sum_{t=1}^{3} \sum_{h=1}^{3} p_{th} \cdot （PV_{jt}^- + PP_{jt}^-） \cdot Q_{jth}^- + \sum_{j=8}^{10} \sum_{t=1}^{3} \sum_{h=1}^{3} p_{th} \cdot HAH_{jth}^- \cdot OCH_{jt}^- \tag{6-3d}$$

$$（d）= \sum_{k=1}^{2} \sum_{m=1}^{3} \sum_{t=1}^{3} YEP_{ktm}^- \cdot ECP_{ktm}^- \cdot ICEP_{kt}^- + \sum_{j=1}^{7} \sum_{m=1}^{3} \sum_{t=1}^{3} \sum_{h=1}^{3} p_{th} \cdot YEE_{jtmh}^- \cdot$$

$$EC_{jtm} \cdot ICC_{jt}^{-} + \sum_{j=8}^{10} \sum_{m=1}^{3} \sum_{t=1}^{3} \sum_{h=1}^{3} p_{th} \cdot YEH_{jtmh}^{-} \cdot ECH_{jtm} \cdot ICCH_{jt}^{-} \quad (6-3e)$$

$$(e) = \sum_{k=1}^{2} \sum_{p=1}^{3} \sum_{t=1}^{3} RCP_{kt}^{-} \cdot EIP_{ktp}^{-} \cdot \eta_{ktp}^{-} \cdot CMP_{ktp}^{-} + \sum_{j=1}^{7} \sum_{p=1}^{3} \sum_{t=1}^{3} \sum_{h=1}^{3} (W_{jt} + p_{th} \cdot$$

$$Q_{jth}^{-}) \cdot EIPC_{jtp}^{-} \cdot \lambda_{jtp}^{-} \cdot CM_{jtp}^{-} + \sum_{j=8}^{10} \sum_{p=1}^{3} \sum_{t=1}^{3} \sum_{h=1}^{3} p_{th} \cdot HAH_{jth}^{-} \cdot EIPH_{jtp}^{-} \cdot$$

$$\delta_{jtp}^{-} \cdot CMH_{jtp}^{-} \quad\quad\quad (6-3f)$$

约束条件：

$$IMP_{it}^{-} \geqslant \sum_{j=4}^{5} (W_{jt} + Q_{jth}^{-}) \cdot FE^{-} / ECE_{jt}^{+} + \sum_{j=8}^{8} HAH_{jth}^{-} / HCEH_{jt}^{+} + LGA_{4t}^{-} / CEC_{t}^{+} +$$

$$DE_{it}^{-}, i = 1; \forall t, h \quad\quad (6-3g)$$

$$IMP_{it}^{-} \geqslant RCP_{kt}^{-} \cdot HV_{it}^{-} + DE_{it}^{-}, \quad i = k = 2; \quad \forall t \quad\quad (6-3h)$$

$$IMP_{it}^{-} \geqslant \sum_{j=6}^{6} (W_{jt} + Q_{jth}^{-}) \cdot FE^{-} / ECE_{jt}^{+} + \sum_{j=9}^{9} HAH_{jth}^{-} / HCEH_{jt}^{+} + DE_{it}^{-}, i = 3;$$

$$\forall t, h \quad\quad\quad (6-3i)$$

$$IMP_{it}^{-} + LGA_{it}^{-} \geqslant RCP_{kt}^{-} \cdot HV_{it}^{-} + DE_{it}^{-}, \quad i = 4, \quad k = 1; \quad \forall t \quad\quad (6-3j)$$

$$IMP_{it}^{-} + LGA_{it}^{-} \geqslant DE_{it}^{-}, \quad i = 5; \quad \forall t \quad\quad (6-3k)$$

$$IMP_{it}^{-} - EXP_{it}^{+} + LGA_{it}^{-} \geqslant DE_{it}^{-}, \quad 6 \leqslant i \leqslant 10; \quad \forall t \quad\quad (6-3l)$$

$$\left[IIE_{th}^{-} + \sum_{j=1}^{7} (W_{jt} + Q_{jth}^{-}) \right] \cdot (1 - LLRE_{t}^{-}) \geqslant DTE_{th}^{-}, i = 11; \forall t, h \quad (6-3m)$$

$$\left(\sum_{j=5}^{7} HAT_{jth}^{-} + \sum_{j=8}^{10} HAH_{jth}^{-} \right) \cdot EHS_{t}^{+} \geqslant DE_{it}^{-}, i = 12; \forall t, h \quad\quad (6-3n)$$

$$W_{jt} = W_{jt}^{-} + (W_{jt}^{+} - W_{jt}^{-}) \cdot u_{jt}, \quad 1 \leqslant j \leqslant 7; \quad \forall t \quad\quad (6-3o)$$

$$0 \leqslant u_{jt} \leqslant 1, \quad 1 \leqslant j \leqslant 7; \quad \forall t \quad\quad (6-3p)$$

$$W_{jt} \geqslant Q_{jth}^{-} \geqslant 0, \quad 1 \leqslant j \leqslant 7; \quad \forall t, \ h \quad\quad (6-3q)$$

$$LGA_{it}^{-} = RCP_{kt}^{-} \cdot HV_{it}^{-} \cdot CEP_{kt}^{-} \cdot \alpha_{kit}, \quad k = 1, \quad i = 5; \quad \forall t \quad\quad (6-3r)$$

$$LGA_{it}^{-} = RCP_{kt}^{-} \cdot HV_{it}^{-} \cdot CEP_{kt}^{-} \cdot \alpha_{kit}, \quad k = 2, \quad 6 \leqslant i \leqslant 10; \quad \forall t \quad\quad (6-3s)$$

$$(W_{jt} + Q_{jth}^{-}) \cdot FE^{-} / ECE_{jt}^{+} \leqslant AVA_{jt}^{-}, \quad j = 1, \ 2, \ 3, \ 7; \quad \forall t, \ h \quad\quad (6-3t)$$

$$HAH_{jth}^{-} / HCEH_{jt}^{+} \leqslant AVA_{jt}^{-}, \quad j = 10; \quad \forall t, \ h \quad\quad (6-3u)$$

$$IMP_{it}^{-} \leqslant \max I_{it}^{-}, \quad 1 \leqslant i \leqslant 10; \quad \forall t \quad\quad (6-3v)$$

$$IE_{th}^- \leqslant \max IE_t^-, \quad \forall t, h \tag{6-3w}$$

$$EXP_{it}^+ \leqslant \max E_{it}^+, \quad 6 \leqslant i \leqslant 10; \quad \forall t \tag{6-3x}$$

$$EXP_{it}^+ \leqslant LGA_{it}^-, \quad 6 \leqslant i \leqslant 10; \quad \forall t \tag{6-3y}$$

$$RCP_{kt}^- = RCP_{k0} + \sum_{m=1}^{3} YEP_{ktm}^- \cdot ECP_{ktm}, t = 1; \forall k \tag{6-3z}$$

$$RCP_{kt}^- = RCP_{k(t-1)}^- + \sum_{m=1}^{3} YEP_{ktm}^- \cdot ECP_{ktm}, t \geqslant 2; \forall k \tag{6-3aa}$$

$$RC_{jth}^- = RC_{j0} + \sum_{m=1}^{3} YEE_{jtmh}^- \cdot EC_{jtm}, t = 1, 1 \leqslant j \leqslant 7; \forall h \tag{6-3ab}$$

$$RC_{jth}^- = RC_{j(t-1)h}^- + \sum_{m=1}^{3} YEE_{jtmh}^- \cdot EC_{jtm}, t \geqslant 2, 1 \leqslant j \leqslant 7; \forall h \tag{6-3ac}$$

$$RCH_{jth}^- = RCH_{j0} + \sum_{m=1}^{3} YEH_{jtmh}^- \cdot ECH_{jtm}, t = 1; 8 \leqslant j \leqslant 10; \forall h \tag{6-3ad}$$

$$RCH_{jth}^- = RCH_{j(t-1)h}^- + \sum_{m=1}^{3} YEH_{jtmh}^- \cdot ECH_{jtm}, t \geqslant 2; 8 \leqslant j \leqslant 10; \forall h \tag{6-3ae}$$

$$W_{jt} + Q_{jth}^- \leqslant h_{jt}^- \cdot RC_{jth}^-, \quad 1 \leqslant j \leqslant 7; \quad \forall t, h \tag{6-3af}$$

$$(W_{jt} + Q_{jth}^-) \cdot (1 - LLRE_t^-) \geqslant \beta \cdot DTE_{th}^-, \quad 1 \leqslant j \leqslant 7; \quad \forall t, h \tag{6-3ag}$$

$$HAH_{jth}^- \leqslant h_{jt}^- \cdot RCH_{jth}^- \cdot FE^-, \quad 8 \leqslant j \leqslant 10; \quad \forall t, h \tag{6-3ah}$$

$$HAT_{jth}^- = (W_{jt} + Q_{jth}^-) \cdot HER_{jt}^- \cdot FE^-, \quad 5 \leqslant j \leqslant 7; \quad \forall t, h \tag{6-3ai}$$

$$\sum_{k=1}^{2} RCP_{kt}^- \cdot EIP_{ktp}^- \cdot (1 - \eta_{ktp}^-) + \sum_{j=1}^{7} (W_{jt} + Q_{jth}^-) \cdot EIPC_{jtp}^- \cdot (1 - \lambda_{jtp}^-) +$$

$$\sum_{j=8}^{10} HAH_{jth}^- \cdot EIPH_{jtp}^- \cdot (1 - \delta_{jtp}^-) \leqslant EAP_{tp}^-, \forall p, t, h \tag{6-3aj}$$

$$\sum_{i=1}^{10} DE_{it}^- \cdot CECO_{it} + \sum_{k=1}^{2} RCP_{kt}^- \cdot EIC_{kt}^- + \sum_{j=1}^{7} (W_{jt} + Q_{jth}^-) \cdot EICC_{jt}^- +$$

$$\sum_{j=8}^{10} HAH_{jth}^- \cdot EICH_{jt}^- \leqslant EAC_t^s, \forall t, h \tag{6-3ak}$$

$$YEP_{ktm}^- = \begin{cases} 0 \\ 1 \end{cases}, \forall k, m, t; \sum_{m=1}^{3} YEP_{ktm}^- = 1, \forall k, t \tag{6-3al}$$

$$YEE_{jtmh}^- = \begin{cases} 0 \\ 1 \end{cases}, \forall j, m, t, h; \sum_{m=1}^{3} YEE_{jtmh}^- = 1, 1 \leqslant j \leqslant 7, t, h \tag{6-3am}$$

$$YEH_{jtmh}^- = \begin{cases} 0 \\ 1 \end{cases}, \forall j,m,t,h; \sum_{m=1}^{3} YEH_{jtmh}^- = 1, 8 \leqslant j \leqslant 10, t, h \qquad (6-3\text{an})$$

其中，IMP_{it}^+、IE_{th}^+、LGA_{it}^-、EXP_{it}^+、HAT_{jth}^-、HAH_{jth}^-、Q_{jth}^-、RCP_{kt}^-、RC_{jth}^-、RCH_{jth}^- 和 u_{jt} 是决策变量，而 YEP_{ktm}^-、YEE_{jtmh}^- 和 YEH_{jtmh}^- 是二元变量。此时，我们可以得到各发电方式的最优目标发电量 $W_{jtopt} = W_{jt}^- + \Delta W_{jt} \cdot u_{jtopt}$ 以及子模型 f^- 对应的系统成本。相应地，通过拆分我们可以得到对应目标函数上限的子模型 f^+：

目标函数：

$$\min f^+ = (a) - (b) + (c) + (d) + (e) \qquad (6-4\text{a})$$

$$(a) = \sum_{i=1}^{10} \sum_{t=1}^{3} IMP_{it}^+ \cdot PIM_{it}^+ + \sum_{t=1}^{3} \sum_{h=1}^{3} p_{th} \cdot IE_{th}^+ \cdot PIE_{t}^+ \qquad (6-4\text{b})$$

$$(b) = \sum_{i=6}^{10} \sum_{t=1}^{3} EXP_{it}^- \cdot SEX_{it}^- \qquad (6-4\text{c})$$

$$(c) = \sum_{t=1}^{3} LGA_{4t}^+ \cdot PCP_t^+ + \sum_{k=1}^{2} \sum_{t=1}^{3} RCP_{kt}^+ \cdot OCP_{kt}^+ + \sum_{j=1}^{7} \sum_{t=1}^{3} PV_{jt}^+ \cdot W_{jtopt} +$$
$$\sum_{j=1}^{7} \sum_{t=1}^{3} \sum_{h=1}^{3} p_{th} \cdot (PV_{jt}^+ + PP_{jt}^+) \cdot Q_{jth}^+ + \sum_{j=8}^{10} \sum_{t=1}^{3} \sum_{h=1}^{3} p_{th} \cdot HAH_{jth}^+ \cdot OCH_{jt}^+$$
$$(6-4\text{d})$$

$$(d) = \sum_{k=1}^{2} \sum_{m=1}^{3} \sum_{t=1}^{3} YEP_{ktm}^+ \cdot ECP_{ktm} \cdot ICEP_{kt}^+ + \sum_{j=1}^{7} \sum_{m=1}^{3} \sum_{t=1}^{3} \sum_{h=1}^{3} p_{th} \cdot YEE_{jtmh}^+ \cdot$$
$$EC_{jtm} \cdot ICC_{jt}^+ + \sum_{j=8}^{10} \sum_{m=1}^{3} \sum_{t=1}^{3} \sum_{h=1}^{3} p_{th} \cdot YEH_{jtmh}^+ \cdot ECH_{jtm} \cdot ICCH_{jt}^+ \qquad (6-4\text{e})$$

$$(e) = \sum_{k=1}^{2} \sum_{p=1}^{3} \sum_{t=1}^{3} RCP_{kt}^+ \cdot EIP_{ktp}^+ \cdot \eta_{ktp}^+ \cdot CMP_{ktp}^+ + \sum_{j=1}^{7} \sum_{p=1}^{3} \sum_{t=1}^{3} \sum_{h=1}^{3} (W_{jtopt} + p_{th} \cdot$$
$$Q_{jth}^+) \cdot EIPC_{jtp}^+ \cdot \lambda_{jtp}^+ \cdot CM_{jtp}^+ + \sum_{j=8}^{10} \sum_{p=1}^{3} \sum_{t=1}^{3} \sum_{h=1}^{3} p_{th} \cdot HAH_{jth}^+ \cdot EIPH_{jtp}^+ \cdot$$
$$\delta_{jtp}^+ \cdot CMH_{jtp}^+ \qquad (6-4\text{f})$$

约束条件：

$$IMP_{it}^+ \geqslant \sum_{j=4}^{5} (W_{jtopt} + Q_{jth}^+) \cdot FE^+ / ECE_{jt}^- + \sum_{j=8}^{8} HAH_{jth}^+ / HCEH_{jt}^- +$$
$$LGA_{4t}^+ / CEC_t^- + DE_{it}^+, i = 1; \forall t, h \qquad (6-4\text{g})$$

$$IMP_{it}^+ \geqslant RCP_{kt}^+ \cdot HV_{it}^+ + DE_{it}^+ , \quad i = k = 2; \quad \forall t \tag{6-4h}$$

$$IMP_{it}^+ \geqslant \sum_{j=6}^{6} (W_{jtopt} + Q_{jth}^+) \cdot FE^+ / ECE_{jt}^- + \sum_{j=9}^{9} HAH_{jth}^+ / HCEH_{jt}^- + DE_{it}^+ , i = 3;$$
$$\forall t, h \tag{6-4i}$$

$$IMP_{it}^+ + LGA_{it}^+ \geqslant RCP_{kt}^+ \cdot HV_{it}^+ + DE_{it}^+ , \quad i = 4, \quad k = 1; \quad \forall t \tag{6-4j}$$

$$IMP_{it}^+ + LGA_{it}^+ \geqslant DE_{it}^+ , \quad i = 5; \quad \forall t \tag{6-4k}$$

$$IMP_{it}^+ - EXP_{it}^- + LGA_{it}^+ \geqslant DE_{it}^+ , \quad 6 \leqslant i \leqslant 10; \quad \forall t \tag{6-4l}$$

$$\left[IE_{th}^+ + \sum_{j=1}^{7} (W_{jtopt} + Q_{jth}^+) \right] \cdot (1 - LLRE_t^+) \geqslant DTE_{th}^+ , i = 11; \forall t, h \tag{6-4m}$$

$$\left(\sum_{j=5}^{7} HAT_{jth}^+ + \sum_{j=8}^{10} HAH_{jth}^+ \right) \cdot EHS_t^- \geqslant DE_{it}^+ , i = 12; \forall t, h \tag{6-4n}$$

$$W_{jtopt} \geqslant Q_{jth}^+ \geqslant 0, \quad 1 \leqslant j \leqslant 7; \quad \forall t, h \tag{6-4o}$$

$$Q_{jth}^+ \geqslant Q_{jth}^- , \quad 1 \leqslant j \leqslant 7; \quad \forall t, h \tag{6-4p}$$

$$LGA_{it}^+ = RCP_{kt}^+ \cdot HV_{it}^+ \cdot CEP_{kt}^+ \cdot \alpha_{kit}, \quad k = 1, \quad i = 5; \quad \forall t \tag{6-4q}$$

$$LGA_{it}^+ = RCP_{kt}^+ \cdot HV_{it}^+ \cdot CEP_{kt}^+ \cdot \alpha_{kit}, \quad k = 2, \quad 6 \leqslant i \leqslant 10; \quad \forall t \tag{6-4r}$$

$$(W_{jtopt} + Q_{jth}^+) \cdot FE^+ / ECE_{jt}^- \leqslant AVA_{jt}^+ , \quad j = 1, 2, 3, 7; \quad \forall t, h \tag{6-4s}$$

$$HAH_{jth}^+ / HCEH_{jt}^- \leqslant AVA_{jt}^+ , \quad j = 10; \quad \forall t, h \tag{6-4t}$$

$$IMP_{it}^+ \leqslant \max I_{it}^+ , \quad 1 \leqslant i \leqslant 10; \quad \forall t \tag{6-4u}$$

$$IE_{th}^+ \leqslant \max IE_t^+ , \quad \forall t, h \tag{6-4v}$$

$$EXP_{it}^- \leqslant \max E_{it}^- , \quad 6 \leqslant i \leqslant 10; \quad \forall t \tag{6-4w}$$

$$EXP_{it}^- \leqslant LGA_{it}^+ , \quad 6 \leqslant i \leqslant 10; \quad \forall t \tag{6-4x}$$

$$RCP_{kt}^+ = RCP_{k0} + \sum_{m=1}^{3} YEP_{ktm}^+ \cdot ECP_{ktm}, t = 1; \forall k \tag{6-4y}$$

$$RCP_{kt}^+ = RCP_{k(t-1)}^+ + \sum_{m=1}^{3} YEP_{ktm}^+ \cdot ECP_{ktm}, t \geqslant 2; \forall k \tag{6-4z}$$

$$RC_{jth}^+ = RC_{j0} + \sum_{m=1}^{3} YEE_{jtmh}^+ \cdot EC_{jtm}, t = 1, 1 \leqslant j \leqslant 7; \forall h \tag{6-4aa}$$

$$RC_{jth}^+ = RC_{j(t-1)h}^+ + \sum_{m=1}^{3} YEE_{jtmh}^+ \cdot EC_{jtm}, t \geqslant 2, 1 \leqslant j \leqslant 7; \forall h \tag{6-4ab}$$

$$RCH_{jth}^+ = RCH_{j0} + \sum_{m=1}^{3} YEH_{jtmh}^+ \cdot ECH_{jtm}, t = 1; 8 \leq j \leq 10; \forall h \quad (6-4\text{ac})$$

$$RCH_{jth}^+ = RCH_{j(t-1)h}^+ + \sum_{m=1}^{3} YEH_{jtmh}^+ \cdot ECH_{jtm}, t \geq 2; 8 \leq j \leq 10; \forall h \quad (6-4\text{ad})$$

$$W_{jtopt} + Q_{jth}^+ \leq h_{jt}^+ \cdot RC_{jth}^+, \ 1 \leq j \leq 7; \ \forall t, h \quad\quad\quad (6-4\text{ae})$$

$$(W_{jtopt} + Q_{jth}^+) \cdot (1 - LLRE_t^+) \geq \beta \cdot DTE_{th}^+, \ 1 \leq j \leq 7; \ \forall t, h \quad (6-4\text{af})$$

$$HAH_{jth}^+ \leq h_{jt}^+ \cdot RCH_{jth}^+ \cdot FE^+, \ 8 \leq j \leq 10; \ \forall t, h \quad\quad (6-4\text{ag})$$

$$HAT_{jth}^+ = (W_{jtopt} + Q_{jth}^+) \cdot HER_{jt}^+ \cdot FE^+, \ 5 \leq j \leq 7; \ \forall t, h \quad\quad (6-4\text{ah})$$

$$\sum_{k=1}^{2} RCP_{kt}^+ \cdot EIP_{ktp}^+ \cdot (1 - \eta_{ktp}^+) + \sum_{j=1}^{7} (W_{jtopt} + Q_{jth}^+) \cdot EIPC_{jtp}^+ \cdot (1 - \lambda_{jtp}^+) +$$

$$\sum_{j=8}^{10} HAH_{jth}^+ \cdot EIPH_{jtp}^+ \cdot (1 - \delta_{jtp}^+) \leq EAP_{tp}^+, \forall p, t, h \quad\quad (6-4\text{ai})$$

$$\sum_{i=1}^{10} DE_{it}^+ \cdot CECO_{it} + \sum_{k=1}^{2} RCP_{kt}^+ \cdot EIC_{kt}^+ + \sum_{j=1}^{7} (W_{jtopt} + Q_{jth}^+) \cdot EICC_{jt}^+ +$$

$$\sum_{j=8}^{10} HAH_{jth}^+ \cdot EICH_{jt}^+ \leq EAC_t^s, \forall t, h \quad\quad (6-4\text{aj})$$

$$YEP_{ktm}^+ = \begin{cases} 0 \\ 1 \end{cases}, \forall k, m, t \sum_{m=1}^{3} YEP_{ktm}^+ = 1, \forall k, t \quad\quad (6-4\text{ak})$$

$$YEE_{jtmh}^+ = \begin{cases} 0 \\ 1 \end{cases}, \forall j, m, t, h \sum_{m=1}^{3} YEE_{jtmh}^+ = 1, 1 \leq j \leq 7, t, h \quad (6-4\text{al})$$

$$YEH_{jtmh}^+ = \begin{cases} 0 \\ 1 \end{cases}, \forall j, m, t, h \sum_{m=1}^{3} YEH_{jtmh}^+ = 1, 8 \leq j \leq 10, t, h \quad (6-4\text{am})$$

$$YEP_{ktm}^+ \geq YEP_{ktm}^-, \ \forall k, t, m \quad\quad\quad\quad (6-4\text{an})$$

$$YEE_{jtmh}^+ \geq YEE_{jtmh}^-, \ 1 \leq j \leq 7; \ \forall t, m, h \quad\quad (6-4\text{ao})$$

$$YEH_{jtmh}^+ \geq YEH_{jtmh}^-, \ 8 \leq j \leq 10; \ \forall t, m, h \quad\quad (6-4\text{ap})$$

$$RCP_{kt}^+ \geq RCP_{kt}^-, \ \forall k, t \quad\quad\quad\quad (6-4\text{aq})$$

$$RC_{jth}^+ \geq RC_{jth}^-, \ 1 \leq j \leq 7; \ \forall t, h \quad\quad\quad (6-4\text{ar})$$

$$RCH_{jth}^+ \geq RCH_{jth}^-, \ 8 \leq j \leq 10; \ \forall t, h \quad\quad\quad (6-4\text{as})$$

$$HAT_{jth}^+ \geq HAT_{jth}^-, \ 5 \leq j \leq 7; \ \forall t, h \quad\quad\quad (6-4\text{at})$$

$$HAH_{jth}^+ \geqslant HAH_{jth}^-, \ 8 \leqslant j \leqslant 10; \ \forall t, \ h \qquad (6-4\text{au})$$

$$IMP_{it}^+ \geqslant IMP_{it}^-, \ 1 \leqslant i \leqslant 11; \ \forall t \qquad (6-4\text{av})$$

$$IE_{th}^+ \geqslant IE_{th}^- \qquad (6-4\text{aw})$$

$$EXP_{it}^- \leqslant EXP_{it}^+, \ 6 \leqslant i \leqslant 10; \ \forall t \qquad (6-4\text{ax})$$

$$LGA_{it}^+ \geqslant LGA_{it}^-, \ 4 \leqslant i \leqslant 10; \ \forall t \qquad (6-4\text{ay})$$

其中，IMP_{it}^+、IE_{th}^+、LGA_{it}^+、EXP_{it}^-、HAT_{jth}^+、HAH_{jth}^+、Q_{jth}^+、RCP_{kt}^+、RC_{jth}^+ 和 RCH_{jth}^+ 是决策变量，而 YEP_{ktm}^+、YEE_{jtmh}^+ 和 YEH_{jtmh}^+ 是二元变量。因此，结合模型（6-3）和模型（6-4）的求解结果，可以得到 IMSMP-ESP 模型的最优解：以目标函数值为例，$f_{opt}^{\pm} = [f_{opt}^-, f_{opt}^+]$。

（三）数据收集

本书的规划期分为 3 个时期，每个时期 5 年，共计 15 年（2016~2030 年），与青岛市的 5 年规划相对应。研究中涉及的与青岛市能源系统有关的经济和技术数据主要来源于大量统计报告的分析和解读，同时也参考了相关文献、政策规划、案例研究以及电厂、热力厂的技术手册等（青岛市统计局，2015，2016；青岛市人民政府，2016）。本书基于 Huang 等（1996）提出的区间参数规划理论，不能获得概率分布信息的大量参数以区间数的形式进行表征。表 6-1 为电力和热力转换技术的运行成本。规划期内各电力转换技术的目标发电量、终端用户的电力需求量及不同电力需求水平的发生概率如表 6-2 所示。表 6-3 为 3 个时期内不同情景下青岛市 CO_2 排放量的预测值，即该区域 CO_2 的允许排放量。

表 6-1　各转换技术的运行成本

转换技术	时期		
	$t=1$	$t=2$	$t=3$
常规发电成本（10^3 元/吉瓦时）			
风电	[450.00, 460.00]	[430.00, 440.00]	[410.00, 420.00]
光伏发电	[630.00, 650.00]	[610.00, 630.00]	[580.00, 600.00]
垃圾焚烧发电	[360.00, 380.00]	[340.00, 360.00]	[330.00, 340.00]

续表

转换技术	时期		
	$t=1$	$t=2$	$t=3$
常规发电成本（10^3 元/吉瓦时）			
燃煤发电	[310.00, 330.00]	[300.00, 320.00]	[290.00, 310.00]
燃煤热电联产	[350.00, 360.00]	[330.00, 340.00]	[310.00, 320.00]
燃气联合循环	[680.00, 700.00]	[650.00, 680.00]	[630.00, 650.00]
生物质热电联产	[480.00, 500.00]	[460.00, 480.00]	[440.00, 460.00]
惩罚发电成本（10^3 元/吉瓦时）			
风电	[220.00, 230.00]	[210.00, 220.00]	[200.00, 210.00]
光伏发电	[300.00, 310.00]	[290.00, 300.00]	[280.00, 290.00]
垃圾焚烧发电	[200.00, 220.00]	[180.00, 200.00]	[160.00, 180.00]
燃煤发电	[150.00, 160.00]	[140.00, 150.00]	[135.00, 145.00]
燃煤热电联产	[170.00, 175.00]	[160.00, 165.00]	[150.00, 155.00]
燃气联合循环	[400.00, 450.00]	[380.00, 440.00]	[360.00, 430.00]
生物质热电联产	[230.00, 240.00]	[220.00, 230.00]	[210.00, 220.00]
热力生产成本（10^3 元/吨焦）			
燃煤供热	[52.50, 56.50]	[52.00, 56.00]	[51.50, 55.50]
燃气供热	[36.00, 40.00]	[34.00, 38.00]	[32.00, 36.00]
热泵技术	[27.00, 33.50]	[26.00, 32.50]	[25.00, 31.50]

表6-2　各电力转换技术的目标发电量及终端用户的电力需求量

单位：10^3 吉瓦时

	需求水平	概率（%）	$t=1$	$t=2$	$t=3$
终端用户的电力需求量	L*	20	[175.00, 192.50]	[184.00, 202.40]	[195.34, 214.87]
	M*	60	[200.00, 220.00]	[211.00, 232.10]	[223.96, 246.36]
	H*	20	[218.76, 232.64]	[231.51, 246.66]	[245.88, 262.46]
各电力转换技术的目标发电量					
风电	—	—	[4.50, 6.50]	[5.50, 7.00]	[6.50, 7.50]
光伏发电	—	—	[1.00, 1.50]	[1.50, 2.10]	[2.00, 2.60]
垃圾焚烧发电	—	—	[4.00, 5.00]	[5.00, 7.00]	[5.50, 7.30]

续表

	需求水平	概率（%）	$t=1$	$t=2$	$t=3$
各电力转换技术的目标发电量					
燃煤发电	—	—	[26.00, 32.00]	[23.00, 29.00]	[17.00, 24.00]
燃煤热电联产	—	—	[38.00, 46.00]	[36.00, 44.00]	[32.00, 42.00]
燃气联合循环	—	—	[31.00, 35.00]	[33.00, 38.00]	[35.00, 40.00]
生物质热电联产	—	—	[3.50, 4.00]	[4.80, 5.30]	[6.00, 6.50]

表 6-3 规划期内不同情景下 CO_2 排放量的预测值 单位：10^6 吨

情景	CO_2 排放量		
	$t=1$	$t=2$	$t=3$
L – L	615.39	623.42	615.29
L – M	634.13	660.39	665.58
M – L	608.74	604.18	582.62
M – M	627.25	639.98	630.21
M – H	649.71	688.75	698.87
H – L	605.90	595.77	568.11
H – M	624.31	631.06	614.51
H – H	646.66	679.12	681.44

四、结果分析与讨论

以 M – M 碳排放情景（见表 6-3）为例，本节分析和讨论了所构建的 IMSMP – ESP 模型的求解结果，并根据求解结果探究和总结了青岛市能源系统的相关管理规划方案，其中主要包括一次能源的供应方案、部分二次能源的调入和调出方案、电力和热力的生产方案以及系统中涉及的加工、转换技术的扩容方案等。

图6-3为规划期内能源资源（不包括电力和热力）调入方案的求解结果。显然，与其他能源资源相比，原煤是规划期内调入量最大的能源类型，约占能源总调入量的30%。然而，由于受青岛市供电结构调整的影响，规划期内原煤的调入量将发生一定程度的波动。例如，原煤调入量的上限将由第1时期的 1779.76×10^3 吨焦增加到第2时期的 1803.12×10^3 吨焦，后又降至第3时期的 1787.89×10^3 吨焦。此外，与原煤不同的是，规划期内焦炭和煤油的调入量将呈下降的趋势。以焦炭为例，3个时期内其调入量分别为 $[268.69, 269.64] \times 10^3$ 吨焦、$[268.22, 269.20] \times 10^3$ 吨焦、和 $[267.59, 268.59] \times 10^3$ 吨焦。主要原因是青岛市炼焦行业的发展导致3个时期内焦炭的本地生产量逐渐增加，由第1时期的 $[44.10, 44.15] \times 10^3$ 吨焦持续增加到第3时期的 $[61.03, 61.08] \times 10^3$ 吨焦（见表6-4）。相反，规划期内其他能源资源的调入量不断增加。这主要是由于终端用户对上述能源资源的需求始终保持稳定增长的趋势。

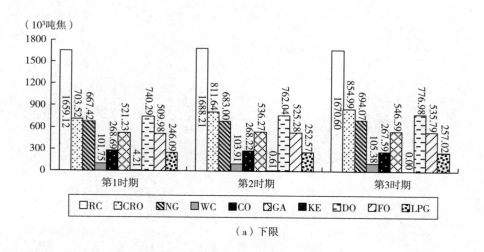

（a）下限

图6-3　规划期内不同能源资源的调入量

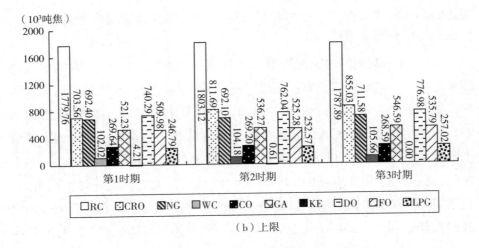

（b）上限

图6-3 规划期内不同能源资源的调入量（续）

注：RC、CRO、NG、WC、CO、GA、KE、DO、FO 和 LPG 分别代表原煤、原油、天然气、洗精煤、焦炭、汽油、煤油、柴油、燃料油和液化石油气。

表6-4 能源资源的本地生产量和出口量　　　　单位：10³ 吨焦

	t = 1	t = 2	t = 3
本地生产量			
洗精煤	54.30	64.89	70.19
焦炭	[44.10, 44.15]	[53.95, 54.01]	[61.03, 61.08]
汽油	[119.83, 119.89]	[143.45, 143.56]	[155.56, 155.67]
煤油	18.69	[22.97, 22.98]	[25.32, 25.34]
柴油	[276.91, 277.05]	[324.82, 325.06]	[349.06, 349.30]
燃料油	[23.31, 23.32]	[27.68, 27.70]	[29.78, 29.80]
液化石油气	[187.37, 187.46]	[222.16, 222.32]	[240.46, 240.63]
出口量			
汽油	[118.22, 119.83]	[141.84, 143.45]	[153.92, 155.56]
煤油	[10.89, 11.73]	[11.22, 12.08]	[11.44, 12.32]
柴油	[274.69, 276.91]	[322.62, 324.82]	[346.82, 349.06]
燃料油	[21.69, 23.31]	[26.02, 27.68]	[28.08, 29.78]
液化石油气	187.37	[216.98, 222.16]	[221.32, 240.46]

　　规划期内不同电力转化技术的最优目标发电量如图 6-4 所示。由于青岛市电力结构的调整，燃煤发电的最优目标发电量将从第 1 时期的 32.00×10^3 吉瓦时逐渐降低至第 3 时期的 24.00×10^3 吉瓦时，而对于燃煤热电联产来说，规划期内其最优目标发电量将呈现波动态势。尽管如此，为了保证供电的安全性和可靠性，燃煤供电仍然是青岛市最主要的供电方式。相反，随着青岛市清洁能源战略的实施，可再生能源和天然气的利用规模将会逐步扩大。相应地，规划期内青岛市各清洁能源发电方式的最优目标发电量呈逐渐增加的趋势。例如，三个时期内风电的最优目标发电量分别是 6.24×10^3 吉瓦时、6.95×10^3 吉瓦时和 7.48×10^3 吉瓦时。此外，由图 6-4 可知，规划期内光伏发电和燃气联合循环的最优目标发电量接近其目标发电量的下限。主要原因是相对于其他发电方式，光伏发电和燃气联合循环的发电成本较高。

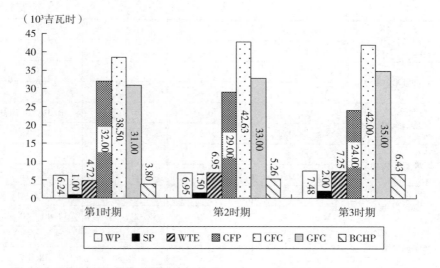

图 6-4　规划期内不同电力转化技术的最优目标发电量

　　注：WP、SP、WTE、CFP、CFC、GFC 和 BCHP 分别代表风电、光伏发电、垃圾焚烧发电、燃煤发电、燃煤热电联产、燃气联合循环和生物质热电联产。

　　如果目标发电方案不能满足该地区的电力需求，相关电厂需要补充发电以弥补电力缺口。表6-5、表6-6和表6-7为三个时期内不同电力需求水平下各电力转换技术的最优发电方案（包括缺失发电量和发电总量）。由表可知，随着电力需求水平的升高，不同电力转换技术的缺失发电量各不相同。具体来说，当电力需求水平为 L^*、M^*、H^* 时，光伏发电、燃煤发电和燃气联合循环的缺失发电量分别为 0 吉瓦时、0 吉瓦时、[0.36，0.74] $\times 10^3$ 吉瓦时，0 吉瓦时、[0，4.64] $\times 10^3$ 吉瓦时、[0，8.99] $\times 10^3$ 吉瓦时和 0 吉瓦时、[0，0.32] $\times 10^3$ 吉瓦时、[0，2.25] $\times 10^3$ 吉瓦时；当电力需求水平为 H^*-L^*、H^*-M^*、H^*-H^* 时，光伏发电、垃圾焚烧发电和燃煤发电的缺失发电量将分别保持 [0，0.99] $\times 10^3$ 吉瓦时、[0，0.99] $\times 10^3$ 吉瓦时、[0，2.25] $\times 10^3$ 吉瓦时不变。

表6-5　第1时期各电力转换技术的最优发电方案

单位：10^3 吉瓦时

转换技术	需求水平	L^*	M^*	H^*
	概率(%)	20	60	20
风电	$Q_{j1hopt}^{\pm}$	0	0	0
	$W_{j1opt}+Q_{j1hopt}^{\pm}$	6.24	6.24	6.24
光伏发电	$Q_{j1hopt}^{\pm}$	0	0	[0.36，0.74]
	$W_{j1opt}+Q_{j1hopt}^{\pm}$	1.00	1.00	[1.36，1.74]
垃圾焚烧发电	$Q_{j1hopt}^{\pm}$	0	0	0
	$W_{j1opt}+Q_{j1hopt}^{\pm}$	4.72	4.72	4.72
燃煤发电	$Q_{j1hopt}^{\pm}$	0	[0，4.64]	[0，8.99]
	$W_{j1opt}+Q_{j1hopt}^{\pm}$	32.00	[32.00，36.64]	[32.00，40.99]
燃煤热电联产	$Q_{j1hopt}^{\pm}$	0	0	0
	$W_{j1opt}+Q_{j1hopt}^{\pm}$	38.50	38.50	38.50
燃气联合循环	$Q_{j1hopt}^{\pm}$	0	[0，0.32]	[0，2.25]
	$W_{j1opt}+Q_{j1hopt}^{\pm}$	31.00	[31.00，31.32]	[31.00，33.25]
生物质热电联产	$Q_{j1hopt}^{\pm}$	0	0	0
	$W_{j1opt}+Q_{j1hopt}^{\pm}$	3.80	3.80	3.80

　　类似地，当电力需求水平从 $H^*-L^*-L^*$ 变化到 $H^*-H^*-H^*$ 时，光伏发电、垃圾焚烧发电、燃煤发电、燃煤热电联产、燃气联合循环和生物质热电联产的缺失发电量同样分别保持 $[0.85, 1.09]\times10^3$ 吉瓦时、$[0, 2.33]\times10^3$ 吉瓦时、$[0, 9.26]\times10^3$ 吉瓦时、3.38×10^3 吉瓦时、$[0, 1.41]\times10^3$ 吉瓦时、1.02×10^3 吉瓦时不变。此外，表 6-5、表 6-6 和表 6-7 的优化结果表明：当规划期内该区域发生电力短缺时，相对于其他电力转换技术，燃煤供电技术（包括燃煤发电和燃煤热电联产）将优先作为补充发电技术以满足电力缺口。

　　然而，如果各发电技术依旧不能满足区域快速增长的电力负荷需求，可以考虑从其他地区调入电力。图 6-5 为青岛市规划期内不同电力需求水平下电力调入量的优化结果。由图可知，规划期内电力调入量的波动趋势与该地区所有发电技术的缺失发电量的波动趋势类似。此外，该优化结果表明：随着电力需求水平的增加，调入电力在弥补电力缺口方面发挥着越来越重要的作用。例如，当电力需求水平为 L^*、M^*、H^* 时，该区域电力消费总量中调入电力的比例分别为 $[37.68\%, 45.18\%]$、$[45.47\%, 50.00\%]$ 和 50.00%。这从侧面说明：为保证区域供电安全，青岛市未来应着力推动发电产业尤其是新能源产业的发展，提高本地供电能力。

　　规划期内不同电力需求水平下各热力转换技术的最优热力生产方案如图 6-6 所示。总体来说，燃气供热和热泵技术将是未来青岛市主要的供热方式，约占该区域热力总需求的 80%，而其他供热技术仅仅作为补充。主要原因是青岛市已经实施了一系列加快清洁能源供热发展、淘汰或改造燃煤小锅炉的政策。这也很好地解释了为什么规划期内燃煤供热技术的供热量整体呈下降趋势。例如，当电力需求水平为 L^*、M^*、H^* 时，燃煤供热量分别为 $[6.87, 27.91]\times10^3$ 吨焦、$[6.87, 27.39]\times10^3$ 吨焦和 $[6.87, 24.27]\times10^3$ 吨焦。此外，需要特别指出的是，其他供热技术的供热量几乎不受区域电力需求水平波动的影响，在各时期内几乎保持不变。以燃煤热电联产为例，三个时期内其供热量分别保持 $[60.04, 61.26]\times10^3$ 吨焦、$[67.78, 68.27]\times10^3$ 吨焦和 $[73.18, 73.67]\times10^3$ 吨焦不变。

表6-6 第2时期各电力转换技术的最优发电方案

单位：10³ 吉瓦时

转换技术	需求水平	L*–L*	L*–M*	L*–H*	M*–L*	M*–M*	M*–H*	H*–L*	H*–M*	H*–H*
	概率（%）	4	12	4	12	36	12	4	12	4
风电	$W_{popt}+Q_{p2hopt}^{\pm}$	6.95	6.95	6.95	6.95	6.95	6.95	6.95	6.95	6.95
光伏发电	$Q_{p2hopt}^{\pm}$	0	0	0	0	0	0	[0, 0.99]	[0, 0.99]	[0, 0.99]
垃圾焚烧发电	$W_{popt}+Q_{p2hopt}^{\pm}$	1.50	1.50	1.50	1.50	1.50	1.50	[1.50, 2.49]	[1.50, 2.49]	[1.50, 2.49]
燃煤发电	$Q_{p2hopt}^{\pm}$	0	0	0	[0, 2.25]	[0, 2.25]	[0, 2.25]	[0, 8.57]	[0, 8.57]	[0, 8.57]
燃煤热电联产	$W_{popt}+Q_{p2hopt}^{\pm}$	6.95	6.95	6.95	6.95	6.95	6.95	[6.95, 7.63]	[6.95, 7.63]	[6.95, 7.63]
燃气联合循环	$W_{popt}+Q_{p2hopt}^{\pm}$	29.00	29.00	29.00	[29.00, 31.25]	[29.00, 31.25]	[29.00, 31.25]	[29.00, 37.57]	[29.00, 37.57]	[29.00, 37.57]
生物质发电	$W_{popt}+Q_{p2hopt}^{\pm}$	42.63	42.63	42.63	42.63	42.63	42.63	42.63	42.63	42.63
生物质热电联产	$W_{popt}+Q_{p2hopt}^{\pm}$	33.00	33.00	33.00	33.00	33.00	33.00	33.00	33.00	33.00
热电联产	$W_{popt}+Q_{p2hopt}^{\pm}$	5.26	5.26	5.26	5.26	5.26	5.26	5.26	5.26	5.26

表6-7 第3时期各电力转换技术的最优发电方案

单位：10³ 吉瓦时

转换技术	需求水平	$L^*-L^*-L^*$	$L^*-L^*-M^*$	$L^*-L^*-H^*$	$L^*-M^*-L^*$	$L^*-M^*-M^*$	$L^*-M^*-H^*$	$L^*-H^*-L^*$	$L^*-H^*-M^*$	$L^*-H^*-H^*$
	概率（%）	0.8	2.4	0.8	2.4	7.2	2.4	0.8	2.4	0.8
风电	$Q_{\beta3opt}^\pm$	0	0	0	0	0	0	0	0	0
	$W_{\beta opt}+Q_{\beta3opt}^\pm$	7.48	7.48	7.48	7.48	7.48	7.48	7.48	7.48	7.48
光伏发电	$Q_{\beta3opt}^\pm$	0	0	0	0	0	0	0	0	0
	$W_{\beta opt}+Q_{\beta3opt}^\pm$	2.00	2.00	2.00	2.00	2.00	2.00	2.00	2.00	2.00
垃圾焚烧发电	$Q_{\beta3opt}^\pm$	0	0	0	0	0	0	0	0	0
	$W_{\beta opt}+Q_{\beta3opt}^\pm$	7.25	7.25	7.25	7.25	7.25	7.25	7.25	7.25	7.25
燃煤发电	$Q_{\beta3opt}^\pm$	0	0	0	0	0	0	0	0	0
	$W_{\beta opt}+Q_{\beta3opt}^\pm$	24.00	24.00	24.00	24.00	24.00	24.00	24.00	24.00	24.00
燃煤热电联产	$Q_{\beta3opt}^\pm$	3.38	3.38	3.38	3.38	3.38	3.38	3.38	3.38	3.38
	$W_{\beta opt}+Q_{\beta3opt}^\pm$	45.38	45.38	45.38	45.38	45.38	45.38	45.38	45.38	45.38
燃气联合循环	$Q_{\beta3opt}^\pm$	35.00	35.00	35.00	35.00	35.00	35.00	35.00	35.00	35.00
	$W_{\beta opt}+Q_{\beta3opt}^\pm$	0	0	0	0	0	0	0	0	0
生物质热电联产	$Q_{\beta3opt}^\pm$	0	0	0	0	0	0	0	0	0
	$W_{\beta opt}+Q_{\beta3opt}^\pm$	6.43	6.43	6.43	6.43	6.43	6.43	6.43	6.43	6.43

续表

转换技术	需求水平	L* - L* - L*	L* - L* - M*	L* - L* - H*	L* - M* - L*	L* - M* - M*	L* - M* - H*	L* - H* - L*	L* - H* - M*	L* - H* - H*
	概率（%）	2.4	7.2	2.4	7.2	21.6	7.2	2.4	7.2	2.4
风电	$W_{\beta opt}+Q_{\beta hopt}^{\pm}$	7.48	7.48	7.48	7.48	7.48	7.48	7.48	7.48	7.48
	$Q_{\beta hopt}^{\pm}$	0	0	0	0	0	0	0	0	0
光伏发电	$W_{\beta opt}+Q_{\beta hopt}^{\pm}$	2.00	2.00	2.00	2.00	2.00	2.00	2.00	2.00	2.00
	$Q_{\beta hopt}^{\pm}$	2.00	2.00	2.00	2.00	2.00	2.00	2.00	2.00	2.00
垃圾焚烧发电	$Q_{\beta hopt}^{\pm}$	[0, 2.33]	[0, 2.33]	[0, 2.33]	[0, 2.33]	[0, 2.33]	[0, 2.33]	[0, 2.33]	[0, 2.33]	[0, 2.33]
	$W_{\beta opt}+Q_{\beta hopt}^{\pm}$	[7.25, 9.58]	[7.25, 9.58]	[7.25, 9.58]	[7.25, 9.58]	[7.25, 9.58]	[7.25, 9.58]	[7.25, 9.58]	[7.25, 9.58]	[7.25, 9.58]
燃煤发电	$Q_{\beta hopt}^{\pm}$	[0, 3.92]	[0, 3.92]	[0, 3.92]	[0, 3.92]	[0, 3.92]	[0, 3.92]	[0, 3.92]	[0, 3.92]	[0, 3.92]
	$W_{\beta opt}+Q_{\beta hopt}^{\pm}$	[24.00, 27.92]	[24.00, 27.92]	[24.00, 27.92]	[24.00, 27.92]	[24.00, 27.92]	[24.00, 27.92]	[24.00, 27.92]	[24.00, 27.92]	[24.00, 27.92]
燃煤热电联产	$Q_{\beta hopt}^{\pm}$	3.38	3.38	3.38	3.38	3.38	3.38	3.38	3.38	3.38
	$W_{\beta opt}+Q_{\beta hopt}^{\pm}$	45.38	45.38	45.38	45.38	45.38	45.38	45.38	45.38	45.38
燃气联合循环	$Q_{\beta hopt}^{\pm}$	[0, 0.10]	[0, 0.10]	[0, 0.10]	[0, 0.10]	[0, 0.10]	[0, 0.10]	[0, 0.10]	[0, 0.10]	[0, 0.10]
	$W_{\beta opt}+Q_{\beta hopt}^{\pm}$	[35.00, 35.10]	[35.00, 35.10]	[35.00, 35.10]	[35.00, 35.10]	[35.00, 35.10]	[35.00, 35.10]	[35.00, 35.10]	[35.00, 35.10]	[35.00, 35.10]
生物质热电联产	$Q_{\beta hopt}^{\pm}$	0	0	0	0	0	0	0	0	0
	$W_{\beta opt}+Q_{\beta hopt}^{\pm}$	6.43	6.43	6.43	6.43	6.43	6.43	6.43	6.43	6.43

续表

转换技术	需求水平	L* - L* - L*	L* - L* - M*	L* - L* - H*	L* - M* - L*	L* - M* - M*	L* - M* - H*	L* - H* - L*	L* - H* - M*	L* - H* - H*
风电	概率(%)	0.8	2.4	0.8	2.4	7.2	2.4	0.8	2.4	0.8
	$Q^{\pm}_{\beta hopt}$	0	0	0	0	0	0	0	0	0
	$W_{\beta opt} + Q^{\pm}_{\beta hopt}$	7.48	7.48	7.48	7.48	7.48	7.48	7.48	7.48	7.48
光伏发电	$Q^{\pm}_{\beta hopt}$	[0.85, 1.09]	[0.85, 1.09]	[0.85, 1.09]	[0.85, 1.09]	[0.85, 1.09]	[0.85, 1.09]	[0.85, 1.09]	[0.85, 1.09]	[0.85, 1.09]
	$W_{\beta opt} + Q^{\pm}_{\beta hopt}$	[2.85, 3.09]	[2.85, 3.09]	[2.85, 3.09]	[2.85, 3.09]	[2.85, 3.09]	[2.85, 3.09]	[2.85, 3.09]	[2.85, 3.09]	[2.85, 3.09]
垃圾焚烧发电	$Q^{\pm}_{\beta hopt}$	[0, 2.33]	[0, 2.33]	[0, 2.33]	[0, 2.33]	[0, 2.33]	[0, 2.33]	[0, 2.33]	[0, 2.33]	[0, 2.33]
	$W_{\beta opt} + Q^{\pm}_{\beta hopt}$	[7.25, 9.58]	[7.25, 9.58]	[7.25, 9.58]	[7.25, 9.58]	[7.25, 9.58]	[7.25, 9.58]	[7.25, 9.58]	[7.25, 9.58]	[7.25, 9.58]
燃煤发电	$Q^{\pm}_{\beta hopt}$	[0, 9.26]	[0, 9.26]	[0, 9.26]	[0, 9.26]	[0, 9.26]	[0, 9.26]	[0, 9.26]	[0, 9.26]	[0, 9.26]
	$W_{\beta opt} + Q^{\pm}_{\beta hopt}$	[24.00, 33.26]	[24.00, 33.26]	[24.00, 33.26]	[24.00, 33.26]	[24.00, 33.26]	[24.00, 33.26]	[24.00, 33.26]	[24.00, 33.26]	[24.00, 33.26]
燃煤热电联产	$Q^{\pm}_{\beta hopt}$	3.38	3.38	3.38	3.38	3.38	3.38	3.38	3.38	3.38
	$W_{\beta opt} + Q^{\pm}_{\beta hopt}$	45.38	45.38	45.38	45.38	45.38	45.38	45.38	45.38	45.38
燃气联合循环	$Q^{\pm}_{\beta hopt}$	[0, 1.41]	[0, 1.41]	[0, 1.41]	[0, 1.41]	[0, 1.41]	[0, 1.41]	[0, 1.41]	[0, 1.41]	[0, 1.41]
	$W_{\beta opt} + Q^{\pm}_{\beta hopt}$	[35.00, 36.41]	[35.00, 36.41]	[35.00, 36.41]	[35.00, 36.41]	[35.00, 36.41]	[35.00, 36.41]	[35.00, 36.41]	[35.00, 36.41]	[35.00, 36.41]
生物质热电联产	$Q^{\pm}_{\beta hopt}$	1.02	1.02	1.02	1.02	1.02	1.02	1.02	1.02	1.02
	$W_{\beta opt} + Q^{\pm}_{\beta hopt}$	7.45	7.45	7.45	7.45	7.45	7.45	7.45	7.45	7.45

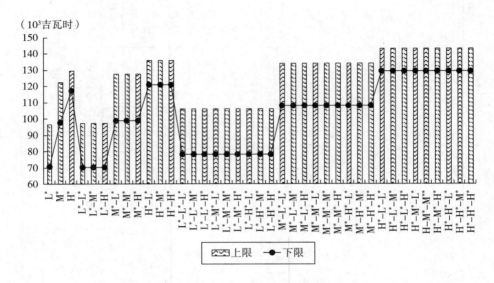

图 6 - 5　不同电力需求水平下电力的调入量

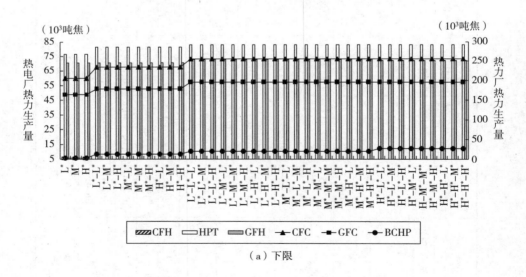

（a）下限

图 6 - 6　不同电力需求水平下各热力转换技术的最优热力生产方案

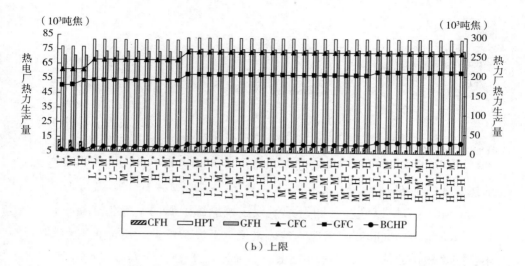

图 6-6 不同电力需求水平下各热力转换技术的最优热力生产方案 （续）

注：CFH、HPT 和 GFH 分别代表燃煤供热、热泵技术和燃气供热。

为促进青岛市加工产业、电力及热力生产产业的发展，提高该区域炼焦、炼油产品以及电力和热力的供应能力，有必要考虑对现有产能进行扩容。研究结果表明：对炼焦和炼油技术来说，3 个时期内其扩容量分别为 55.00×10^4 吨、40.00×10^4 吨、20.00×10^4 吨和 400.00×10^4 吨、250.00×10^4 吨、100.00×10^4 吨；对于电力和热力转换技术来说，同一时期内，电力需求水平的波动情况对其扩容量几乎无影响。以燃气供热为例，不管电力需求水平怎样波动，3 个时期内其扩容量分别为 0.55 吉瓦、0.40 吉瓦和 0.30 吉瓦。然而，生物质热电联产是一个特例。具体来说，第 3 时期内，当电力需求水平从 L^* - L^* - L^* 变化到 M^* - H^* - H^* 时，其扩容量一直保持在 0.04 吉瓦不变；当电力需求水平从 H^* - L^* - L^* 上升到 H^* - H^* - H^* 时，其扩容量稳定在 0.08 吉瓦。

五、情景分析

为研究碳排放峰值倒逼效应对青岛市能源结构调整的影响，本节考虑前述的8种碳排放情景（L-L、L-M、M-L、M-M、M-H、H-L、H-M 和 H-H）以检验不同情景下该区域能源资源的本地生产量、调入量、调出量的异同和变化情况。整体来说，下界子模型（f^-）的求解结果不会随着碳排放情景的变化而变化。然而，对于上界子模型（f^+）来说，情况会有所不同。以规划期内系统总成本（见图6-7）为例，当碳排放情景从 M-H 变化到 H-L 即青岛市碳排放峰值逐渐降低时，系统总成本呈逐渐增加的趋势。主要原因是受区域碳排放总量的限制，青岛市未来将更多地利用碳排放系数较低但成本稍高的能源资源（如天然气等）。

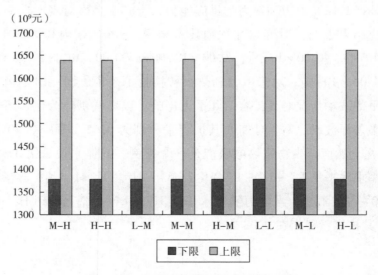

图6-7　不同碳排放情景下的系统总成本

此外，需要特别注意的是，在 H-M、M-L 和 H-L 碳排放情景下，青岛市将会在 2020 年达到碳峰值，与《青岛市低碳发展规划》（2014 ~ 2020 年）的预期和目标相一致。因此，本书的重点是：为确保青岛市在 2020 年顺利达到碳峰值，其能源结构调整的方向和潜力在哪里？图 6 - 8 和图 6 - 9 为上述 3 种情景下相关能源转换技术的热力和缺失电量的生产方案。一般来说，当电力需求水平保持不变时，大部分能源转换技术的生产方案不受碳排放情景变化的影响。但是，对于燃煤发电、燃气联合循环和燃煤供热来说，情况则完全不同。具体来说，在相同的电力需求水平下，当碳排放情景从 H - M 变化到 H - L 时，燃气联合循环的供热量和缺失发电量将会逐渐增加；而对于燃煤供热、燃煤发电来说，其供热量、缺失发电量则会逐渐下降（L* 电力需求水平除外）。例如，当电力需求水平为 M* 时，H - M、M - L 和 H - L 碳排放情景下燃气联合循环的供热量和缺失发电量分别为 51.92×10^3 吨焦、58.21×10^3 吨焦、59.84×10^3 吨焦和 1.05×10^3 吉瓦时、4.93×10^3 吉瓦时、5.94×10^3 吉瓦时；燃煤供热的热力生产量为 26.20×10^3 吨焦、19.92×10^3 吨焦、18.28×10^3 吨焦；燃煤发电的缺失发电量分别为 3.91×10^3 吉瓦时、0.03×10^3 吉瓦时、0 吉瓦时。这说明随着区域碳排放总量的控制，天然气的利用规模将会进一步扩大。

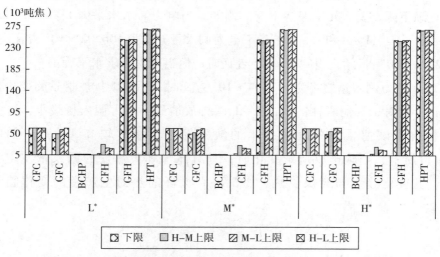

图 6 - 8　M - L、H - L 和 H - M 情景下各热力转换技术的热力生产方案

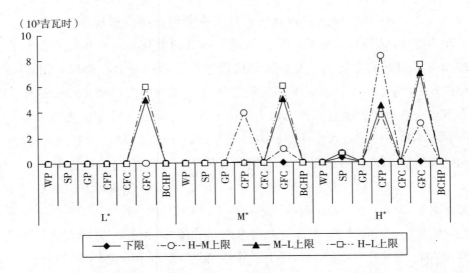

图6-9 M-L、H-L和H-M情景下各电力转换技术的缺失发电量

规划期内H-M、M-L和H-L碳排放情景下各种能源资源（不包括热力）的调入量如图6-10和图6-11所示。由图6-10可知，在相同的电力需求水平下，当碳排放情景从H-M变化到H-L时，电力调入量要么逐渐下降，要么几乎保持不变。例如，当电力需求水平为$L^* - L^* - L^*$时，H-M、M-L和H-L情景下电力调入量分别为106.02×10^3吉瓦时、102.73×10^3吉瓦时、94.20×10^3吉瓦时；但当电力需求水平为$H^* - L^* - L^*$时，电力调入量始终为142.64×10^3吉瓦时，不随碳排放情景的变化而变化。相对于其他两种情景，H-L碳排放情景下电力调入量最小，这主要是由于该情景下各发电技术的缺失发电量相对较高。此外，如图6-11所示，当碳排放情景变化时，只有原煤和天然气的调入量发生波动，且变化趋势与燃煤供热、燃气联合循环的热力生产量的变化趋势类似。

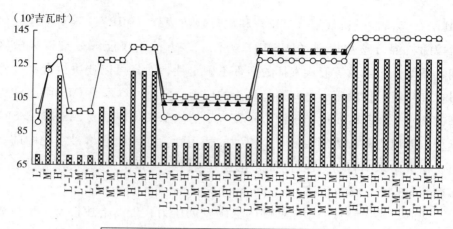

图6−10　M−L、H−L和H−M情景下的调入电量

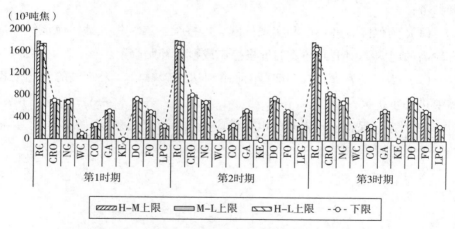

图6−11　M−L、H−L和H−M情景下能源资源的调入量

六、本章小结

为给区域层次的能源系统规划提供支持，本章耦合了区间参数规划

145

（IPP）、多阶段随机规划（MSP）和混合整数规划（MIP），开发了区间多阶段随机混合整数规划（IMSMP）方法。该方法不仅能够处理以离散区间、概率分布函数等形式表征的多重不确定性，而且可以让决策者在经济目标和环境保护的压力之间进行深入的权衡。同时，本章以 IMSMP 方法为基础构建了区间多阶段随机混合整数规划的能源系统规划（IMSMP – ESP）模型，并以青岛市为例验证了该模型的适用性。在系统成本最小化的前提下，研究结果为青岛市能源资源的生产、转换、调入、调出及相应设备的扩容规划提供了最优方案。

此外，考虑到青岛市正面临的低碳发展压力，借助上述模型和情景分析方法，本章着重探究了碳排放峰值倒逼效应对青岛市能源结构调整的影响。通过分析不同碳排放情景下模型的优化结果，提出了部分建议供决策者参考：

（1）为保障青岛市顺利实现低碳、可持续发展，相关部门应该针对成本较高的能源类型出台必要的价格控制或财政补贴政策。

（2）为保证青岛市在 2020 年前顺利达到碳峰值，天然气的利用规模需要进一步扩大。

（3）为确保青岛市未来的电力供应安全，有必要新建一部分电厂，适当降低电力对外依存度。

第七章
结论与展望

一、结　论

　　本书以能源短缺、环境污染和气候变暖三重压力影响下的多尺度能源系统为主要研究对象，基于区域能源供需新形势分析和多尺度能源系统的复杂性及不确定性辨识，以能源替代背景下的可再生能源联合供电、促进风电就地消纳政策下的风电供热以及碳排放倒逼效应下的区域能源结构调整优化为主要研究内容，通过对传统预测模型进行扩展和对多种优化方法进行耦合，构建了生物质—生活垃圾发电厂供电管理规划模型、风电供热系统供热管理规划模型、青岛市碳排放峰值预测模型和能源系统优化模型，为区域低碳、可持续发展和不确定条件下多尺度能源系统管理规划提供理论参考和技术支持。

　　针对生物质—生活垃圾联合供电系统中生物质资源可利用量和生活垃圾产率具有的动态变化和随机特征，考虑能源资源的运输/储存、电力生产中的加工/转换、电力供需等复杂过程，基于区间多阶段随机机会约束规划方法，构建了能源替代背景下的生物质—生活垃圾发电厂供电管理规划模型，不仅可以帮助决策者识别不确定条件下的发电厂最优供电策略，而且可以为生物质资源丰富地区探索可再生能源利用新模式提供借鉴。

在我国风电产业快速发展但同时面临大规模弃风限电的大背景下，针对风电供热系统规划和管理过程中面临的风速波动以及终端用户热力需求的动态变化等不确定性因素，引入区间固定组合模糊—随机规划方法，构建了促进风电就地消纳政策下的风电供热系统供热管理规划模型，在为决策者识别不确定条件下的最优供热策略提供参考的同时，进一步探究了风电供热项目在提高风电就地消纳和降低弃风率方面的可行性，结果发现效果并不显著。

以青岛市为例，分析了青岛市的 CO_2 排放量与不同驱动因子（常住人口、经济水平、技术水平、城市化水平、能源消费结构、服务业水平和对外贸易依存度）之间的关系，基于扩展的 STIRPAT 模型构建了青岛市碳排放峰值预测模型，为青岛市建立碳排放峰值管理框架、设定合理的社会经济发展和碳减排目标提供了理论基础，同时为后续开展的青岛市能源结构的优化调整工作提供了部分基础数据。

基于碳排放峰值预测结果，考虑其倒逼效应对青岛市能源结构调整的影响，引入区间多阶段随机混合整数规划方法，构建了青岛市能源系统优化模型，在帮助决策者获得多重不确定条件下较为经济的能源系统管理方案的同时，为能源系统的控制重点识别以及环境约束（特别是碳排放约束）和能源结构调整背景下的青岛市能源系统中长期规划提供决策支持。

二、展　望

本书对不同时间和空间尺度的能源系统中存在的多重复杂性和不确定性进行了真实反映和有效表征，在区域可再生能源开发利用、新能源（尤其是风电）产能过剩、低碳发展和能源结构调整的压力下，针对能源替代背景下的可再生能源联合供电、促进风电就地消纳政策下的风电供热以及碳排放倒逼效应下的区域能源结构调整优化等方面的研究取得了一些创新性成果，为区域能源系统规划管理提供了一定的决策参考和技术支持。然而，由于能源系统涉及的不确定性和复杂性信息种类繁多，在区域低碳发展模式探究以及多尺度能源系统分析建模时还存在以下问题需要进一步研究：

（1）考虑到实际研究中大量模型参数的数据收集和获取难度较大，采用区间数、随机数和模糊数来表征多尺度能源系统中存在的不确定性信息，但却忽略了上述表征方式可能对决策方案产生的不良影响和风险。因此，如何规避区间、随机和模糊信息可能引发的系统风险是后续研究的一个重点。

（2）区域能源需求预测是能源系统规划的基础工作和重要环节，其结果将直接影响决策方案的合理性。为了提高区域能源系统优化的可信度和科学性，有必要借助合适的预测方法或模型对未来区域能源需求量进行准确预测。

（3）主要基于区间参数规划、随机数学规划和模糊参数规划的耦合方法开展多尺度能源系统规划管理工作。在今后的研究工作中，应综合考虑能源系统的动态发展以及不同时间和空间尺度能源系统的具体问题，加强与析因子分析、鲁棒规划等其他优化方法的有机结合。

（4）研究中多尺度能源系统优化模型的求解结果为能源系统管理者提供了一定的决策范围。如何基于优化结果引入多判据分析等后优化分析技术以获得符合区域能源特色和政策的能源优化管理决策，是未来研究工作中亟须解决的一个问题。

参考文献

[1] Ahmed, K., Rehman, M. U., Ozturk, I. What drives carbon dioxide emissions in the long – run? Evidence from selected south asian countries [J]. Renewable and Sustainable Energy Reviews, 2017 (70): 1142 – 1153.

[2] Alam, M., Huq, A., Bala, B. An integrated rural energy model for a village in Bangladesh [J]. Energy, 1990, 15 (2): 131 – 139.

[3] Alam, M. J., Begum, I. A., Buysse, J., Rahman, S., Van Huylenbroeck, G. Dynamic modeling of causal relationship between energy consumption, CO_2 emissions and economic growth in India [J]. Renewable and Sustainable Energy Reviews, 2011, 15 (6): 3243 – 3251.

[4] Amorim, F., Pina, A., Gerbelová, H., Pereira Da Silva, P., Vasconcelos, J., Martins, V. Electricity decarbonisation pathways for 2050 in Portugal: A TIMES (The Integrated MARKAL – EFOM System) based approach in closed versus open systems modelling [J]. Energy, 2014 (69): 104 – 112.

[5] Anderson, S. R., Kadirkamanathan, V., Chipperfield, A., Sharifi, V., Swithenbank, J. Multi – objective optimization of operational variables in a waste incineration plant [J]. Computers & Chemical Engineering, 2005, 29 (5): 1121 – 1130.

[6] Barreto, L., Kypreos, S. Emissions trading and technology deployment in an energy – systems "bottom – up" model with technology learning [J]. European Journal of Operational Research, 2004, 158 (1): 243 – 261.

[7] Begum, R. A. , Sohag, K. , Abdullah, S. M. S. , Jaafar, M. CO_2 emissions, energy consumption, economic and population growth in Malaysia [J]. Renewable and Sustainable Energy Reviews, 2015 (41): 594 – 601.

[8] Bekhet, H. A. , Matar, A. , Yasmin, T. CO_2 emissions, energy consumption, economic growth, and financial development in GCC countries: Dynamic simultaneous equation models [J]. Renewable and Sustainable Energy Reviews, 2017 (70): 117 – 132.

[9] Borges, A. R. , Antunes, C. H. A fuzzy multiple objective decision support model for energy – economy planning [J]. European Journal of Operational Research, 2003, 145 (2): 304 – 316.

[10] Bouznit, M. , Pablo – Romero, M. D. P. CO_2 emission and economic growth in Algeria [J]. Energy Policy, 2016 (96): 93 – 104.

[11] Bunn, D. W. , Paschentis, S. N. Development of a stochastic model for the economic dispatch of electric power [J]. European Journal of Operational Research, 1986, 27 (2): 179 – 191.

[12] Cai, Y. P. , Huang, G. H. , Yang, Z. F. , Lin, Q. G. , Bass, B. , Tan, Q. Development of an optimization model for energy systems planning in the Region of Waterloo [J]. International Journal of Energy Research, 2008, 32 (11): 988 – 1005.

[13] Cai, Y. P. , Huang, G. H. , Yang, Z. F. , Lin, Q. G. , Tan, Q. Community – scale renewable energy systems planning under uncertainty—An interval chance – constrained programming approach [J]. Renewable and Sustainable Energy Reviews, 2009, 13 (4): 721 – 735.

[14] Cai, Y. P. , Huang, G. H. , Yang, Z. F. , Tan, Q. Identification of optimal strategies for energy management systems planning under multiple uncertainties [J]. Applied Energy, 2009, 86 (4): 480 – 495.

[15] Cao, M. F. , Huang, G. H. , He, L. An approach to interval programming problems with left – hand – side stochastic coefficients: An application

to environmental decisions analysis [J]. Expert Systems with Applications, 2011, 38 (9): 538 – 546.

[16] Celli, G., Ghiani, E., Mocci, S., Pilo, F. A multiobjective evolutionary algorithm for the sizing and siting of distributed generation [J]. IEEE Transactions on Power Systems, 2005, 20 (2): 750 – 757.

[17] Chang, H., Sun, W., Gu, X. Forecasting energy CO_2 emissions using a quantum harmony search algorithm – based DMSFE combination model [J]. Energies, 2013, 6 (3): 1456 – 1477.

[18] Charnes, A., Cooper, W. W. Response to Decision problems under risk and chance constrained programming: Dilemmas in the transition [J]. Management Science, 1983, 29 (6): 750 – 753.

[19] Charnes, A., Cooper, W. W., Kirby, M. J. L. Chance – constrained programming: An extension of statistical method [M]. New York: Academic Press, 1971.

[20] Chedid, R., Mezher, T., Jarrouche, C. A fuzzy programming approach to energy resource allocation [J]. International Journal of Energy Research, 1999, 23 (4): 303 – 317.

[21] Chen, D. Z., Christensen, T. H. Life – cycle assessment (EASEWASTE) of two municipal solid waste incineration technologies in China [J]. Waste Management & Research, 2010, 28 (6): 508 – 519.

[22] Chen, W. T., Li, Y. P., Huang, G. H., Chen, X., Li, Y. F. A two – stage inexact – stochastic programming model for planning carbon dioxide emission trading under uncertainty [J]. Applied Energy, 2010, 87 (3): 1033 – 1047.

[23] Contaldi, M., Gracceva, F., Tosato, G. Evaluation of green – certificates policies using the MARKAL – MACRO – Italy model [J]. Energy Policy, 2007, 35 (2): 797 – 808.

[24] Cosmi, C., Di Leo, S., Loperte, S., Macchiato, M., Pietrap-

ertosa, F. , Salvia, M. , Cuomo, V. A model for representing the Italian energy system: The NEEDS – TIMES experience [J]. Renewable and Sustainable Energy Reviews, 2009, 13 (4): 763 – 776.

[25] Daim, T. U. , Amer, M. , Brenden, R. Technology roadmapping for wind energy: Case of the Pacific Northwest [J]. Journal of Cleaner Production, 2012, 20 (1): 27 – 37.

[26] Dasgupta, S. , Laplante, B. , Wang, H. , Wheeler, D. Confronting the environmental Kuznets curve [J]. The Journal of Economic Perspectives, 2002, 16 (1): 147 – 168.

[27] Dietz, T. , Rosa, E. A. Rethinking the environmental impacts of population, affluence and technology [J]. Human Ecology Review, 1994, 1 (2): 277 – 300.

[28] Dong, C. , Huang, G. H. , Cai, Y. P. , Xu, Y. An interval – parameter minimax regret programming approach for power management systems planning under uncertainty [J]. Applied Energy, 2011, 88 (8): 2835 – 2845.

[29] Ehrlich, P. R. , Holdren, J. P. Impact of population growth [J]. Science, 1971, 171 (3977): 1212 – 1217.

[30] Ellis, J. H. , Zimmerman, J. J. , Corotis, R. B. Stochastic programs for identifying critical structural collapse mechanisms [J]. Applied Mathematical Modelling, 1991, 15 (7): 367 – 373.

[31] Emodi, N. V. , Emodi, C. C. , Murthy, G. P. , Emodi, A. S. A. Energy policy for low carbon development in Nigeria: A LEAP model application [J]. Renewable and Sustainable Energy Reviews, 2017 (68): 247 – 261.

[32] Esen, M. , Yuksel, T. Experimental evaluation of using various renewable energy sources for heating a greenhouse [J]. Energy and Buildings, 2013 (65): 340 – 351.

[33] Evstigneev, I. V. , Schenk – Hoppé, K. R. Growing wealth with fixed – mix strategies [M]. University of Geneva, 2009.

[34] Falke, T., Krengel, S., Meinerzhagen, A. - K., Schnettler, A. Multi - objective optimization and simulation model for the design of distributed energy systems [J]. Applied Energy, 2016 (184): 1508 - 1516.

[35] Falke, T., Schnettler, A. Investment planning of residential energy supply systems using dual dynamic programming [J]. Sustainable Cities & Society, 2016 (23): 16 - 22.

[36] Farhani, S., Chaibi, A., Rault, C. CO_2 emissions, output, energy consumption, and trade in Tunisia [J]. Economic Modelling, 2014 (38): 426 - 434.

[37] Farrar, D. E., Glauber, R. R. Multicollinearity in regression analysis: The problem revisited [J]. The Review of Economic and Statistics, 1967 (1): 92 - 107.

[38] Feng, Y. Y., Chen, S. Q., Zhang, L. X. System dynamics modeling for urban energy consumption and CO_2 emissions: A case study of Beijing, China [J]. Ecological Modelling, 2013, 252 (1755): 44 - 52.

[39] Fitzgerald, N., Foley, A. M., Mckeogh, E. Integrating wind power using intelligent electric water heating [J]. Energy, 2012, 48 (1): 135 - 143.

[40] Fleten, S. E., Høyland, K., Wallace, S. W. The performance of stochastic dynamic and fixed mix portfolio models [J]. European Journal of Operational Research, 2000, 140 (1): 37 - 49.

[41] Freeze, R. A., Massmann, J., Smith, L., Sperling, T., James, B. Hydrogeological decision analysis: A framework [J]. Ground Water, 1990, 28 (5): 738 - 766.

[42] Fu, B., Wu, M., Che, Y., Wang, M., Huang, Y., Bai, Y. The strategy of a low - carbon economy based on the STIRPAT and SD models [J]. Acta Ecologica Sinica, 2015, 35 (4): 76 - 82.

[43] Fürsch, M., Nagl, S., Lindenberger, D. Optimization of power

plant investments under uncertain renewable energy deployment paths: A multi-stage stochastic programming approach [J]. Energy Systems, 2014, 5 (1): 85 – 121.

[44] Galeotti, M. , Lanza, A. , Pauli, F. Reassessing the environmental Kuznets curve for CO_2 emissions: A robustness exercise [J]. Ecological Economics, 2006, 57 (1): 152 – 163.

[45] Ganguly, S. , Sahoo, N. , Das, D. Multi – objective planning of electrical distribution systems using dynamic programming [J]. International Journal of Electrical Power & Energy Systems, 2013 (46): 65 – 78.

[46] Gracceva, F. , Zeniewski, P. Exploring the uncertainty around potential shale gas development – A global energy system analysis based on TIAM (TIMES Integrated Assessment Model) [J]. Energy, 2013 (57): 443 – 457.

[47] Grossman, G. M. , Krueger, A. B. Environmental impacts of a North American free trade agreement [R] . National Bureau of Economic Research, 1991.

[48] Gu, J. J. , Huang, G. H. , Guo, P. , Shen, N. Interval multi-stage joint – probabilistic integer programming approach for water resources allocation and management [J]. Journal of Environmental Management, 2013, 128 (20): 615 – 624.

[49] Guo, P. , Huang, G. , He, L. , Cai, Y. ICCSIP: An inexact chance – constrained semi – infinite programming approach for energy systems planning under uncertainty [J]. Energy Sources, Part A, 2008, 30 (14 – 15): 1345 – 1366.

[50] Haesen, E. , Driesen, J. , Belmans, R. A long – term multi – objective planning tool for distributed energy resources [C] . Power Systems Conference and Exposition, 2006.

[51] Halkos, G. E. , Paizanos, E. A. The effects of fiscal policy on CO_2 emissions: Evidence from the U. S. A [J]. Energy Policy, 2016 (88):

317 – 328.

[52] Hatzigeorgiou, E., Polatidis, H., Haralambopoulos, D. CO_2 emissions, GDP and energy intensity: A multivariate cointegration and causality analysis for Greece, 1977 – 2007 [J]. Applied Energy, 2011, 88 (4): 1377 – 1385.

[53] Hoerl, A. E., Kennard, R. W. Ridge regression: Biased estimation for nonorthogonal problems [J]. Technometrics, 1970, 12 (1): 55 – 67.

[54] Holtz – Eakin, D., Selden, T. M. Stoking the fires? CO_2 emissions and economic growth [J]. Journal of public economics, 1995, 57 (1): 85 – 101.

[55] Homem – De – Mello, T., De Matos, V. L., Finardi, E. C. Sampling strategies and stopping criteria for stochastic dual dynamic programming: A case study in long – term hydrothermal scheduling [J]. Energy Systems, 2011, 2 (1): 1 – 31.

[56] Hong, S., Chung, Y., Kim, J., Chun, D. Analysis on the level of contribution to the national greenhouse gas reduction target in Korean transportation sector using LEAP model [J]. Renewable and Sustainable Energy Reviews, 2016 (60): 549 – 559.

[57] Hu, Q., Huang, G. H., Cai, Y. P., Huang, Y. Feasibility – based inexact fuzzy programming for electric power generation systems planning under dual uncertainties [J]. Applied Energy, 2011, 88 (12): 4642 – 4654.

[58] Hu, Q., Huang, G. H., Cai, Y. P., Sun, W. Planning of electric power generation systems under multiple uncertainties and constraint – violation Levels [J]. Journal of Environmental Informatics, 2014, 23 (1): 55 – 64.

[59] Hu, Q., Huang, G. H., Cai, Y. P., Xu, Y. Energy and environmental systems planning with recourse: Inexact stochastic programming model containing fuzzy boundary intervals in objectives and constraints [J]. Journal of Energy Engineering, 2013, 139 (3): 169 – 189.

[60] Huang, G. H. IPWM: An interval parameter water quality management model [J]. Engineering Optimization, 1996, 26 (2): 79 – 103.

[61] Huang, G. H., Baetz, B. W., Patry, G. G. A grey fuzzy linear programming approach for municipal solid waste management planning under uncertainty [J]. Civil Engineering Systems, 1993, 10 (2): 123 – 146.

[62] Huang, G. H, Baetz, B. W., Patry, G. G. A grey linear programming approach for municipal solid waste management planning under uncertainty [J]. Civil Engineering Systems, 1992, 9 (4): 319 – 335.

[63] Huang, G. H., Baetz, B. W., Patry, G. G. Grey dynamic programming for waste – management planning under uncertainty [J]. Journal of Urban Planning and Development, 1994, 120 (3): 132 – 156.

[64] Huang, G. H., Cao, M. F. Analysis of solution methods for interval linear programming [J]. Journal of Environmental Informatics, 2011, 17 (2): 54 – 64.

[65] Huang, G. H., Loucks, D. P. An inexact two – stage stochastic programming model for water resources management under uncertainty [J]. Civil Engineering Systems, 2000, 17 (2): 95 – 118.

[66] Huang, G. H., Niu, Y. T., Lin, Q. G., Zhang, X. X., Yang, Y. P. An interval – parameter chance – constraint mixed – integer programming for energy systems planning under uncertainty [J]. Energy Sources Part B Economics Planning & Policy, 2011, 6 (2): 192 – 205.

[67] Huo, J. W., Yang, D. G., Zhang, W. B., Wang, F., Wang, G. L., Fu, Q. Analysis of influencing factors of CO_2 emissions in Xinjiang under the context of different policies [J]. Environmental Science & Policy, 2015 (45): 20 – 29.

[68] Infanger, G. Monte Carlo (importance) sampling within a Benders decomposition algorithm for stochastic linear programs [J]. Annals of Operations Research, 1992, 39 (1): 69 – 95.

[69] Infanger, G., Morton, D. P. Cut sharing for multistage stochastic linear Programs with interstage dependency [J]. Mathematical Programming, 1996, 75 (2): 241 – 245.

[70] Jana, C., Chattopadhyay, R. Block level energy planning for domestic lighting – a multi – objective fuzzy linear programming approach [J]. Energy, 2004, 29 (11): 1819 – 1829.

[71] Jaskólski, M. Modelling long – term technological transition of Polish power system using MARKAL: Emission trade impact [J]. Energy Policy, 2016 (97): 365 – 377.

[72] Jinturkar, A., Deshmukh, S. A fuzzy mixed integer goal programming approach for cooking and heating energy planning in rural India [J]. Expert Systems with Applications, 2011, 38 (9): 377 – 381.

[73] Joshi, B., Bhatti, T., Bansal, N. Decentralized energy planning model for a typical village in India [J]. Energy, 1992, 17 (9): 869 – 876.

[74] Kauffman, A., Gupta, M. M. Introduction to fuzzy arithmetic, theory and application [M]. New York: Van Nostrand Reinhold, 1991.

[75] Kaya, T., Kahraman, C. Multicriteria decision making in energy planning using a modified fuzzy TOPSIS methodology [J]. Expert Systems with Applications, 2011, 38 (6): 6577 – 6585.

[76] Kazemi, A., Mehregan, M. R., Shakouri, H., Hosseinzadeh, M. Energy resource allocation in iran: A fuzzy multi – objective analysis [J]. Procedia – Social and Behavioral Sciences, 2012 (41): 334 – 341.

[77] Khalesi, N., Rezaei, N., Haghifam, M. – R. DG allocation with application of dynamic programming for loss reduction and reliability improvement [J]. International Journal of Electrical Power & Energy Systems, 2011, 33 (2): 288 – 295.

[78] Kim, S. W., Lee, K., Nam, K. The relationship between CO_2 emissions and economic growth: The case of Korea with nonlinear evidence [J].

Energy Policy, 2010, 38 (10): 5938 – 5946.

[79] Koltsaklis, N. E. , Dagoumas, A. S. , Kopanos, G. M. , Pistiko-poulos, E. N. , Georgiadis, M. C. A spatial multi – period long – term energy planning model: A case study of the Greek power system [J]. Applied Energy, 2014 (115): 456 – 482.

[80] Kongboontiam, P. , Udomsri, R. Forecasting of energy consumption and pollutant emission for road transportation policies evaluation [J]. Energy Research Journal, 2011, 2 (1): 6 – 16.

[81] Krzemień, J. Application of markal model generator in optimizing energy systems [J]. Journal of Sustainable Mining, 2013, 12 (2): 35 – 39.

[82] Kuo, J. H. , Lin, C. L. , Chen, J. C. , Tseng, H. H. , Wey, M. Y. Emission of carbon dioxide in municipal solid waste incineration in Taiwan: A comparison with thermal power plants [J]. International journal of greenhouse gas control, 2011, 5 (4): 889 – 898.

[83] Li, B. , Liu, X. , Li, Z. Using the STIRPAT model to explore the factors driving regional CO_2 emissions: A case of Tianjin, China [J]. Natural Hazards, 2015, 76 (3): 1667 – 1685.

[84] Li, G. C. , Huang, G. H. , Lin, Q. G. , Cai, Y. P. , Chen, Y. M. , Zhang, X. D. Development of an interval multi – stage stochastic programming model for regional energy systems planning and GHG emission control under uncertainty [J]. International Journal of Energy Research, 2012, 36 (12): 1161 – 1174.

[85] Li, K. , Lin, B. Q. Impacts of urbanization and industrialization on energy consumption/CO_2 emissions: Does the level of development matter? [J]. Renewable & Sustainable Energy Reviews, 2015 (52): 1107 – 1122.

[86] Li, W. , Huang, G. H. , Dong, C. , Liu, Y. An inexact fuzzy programming approach for power coal blending [J]. Journal of Environmental Informatics, 2013, 21 (2): 112 – 118.

［87］Li, X. , Hubacek, K. , Siu, Y. L. Wind power in China – Dream or reality? ［J］. Energy, 2012, 37 (1): 51 – 60.

［88］Li, Y. F. , Huang, G. H. , Li, Y. P. , Xu, Y. , Chen, W. T. Regional – scale electric power system planning under uncertainty—A multistage interval – stochastic integer linear programming approach ［J］. Energy Policy, 2010, 38 (1): 475 – 490.

［89］Li, Y. F. , Li, Y. P. , Huang, G. H. , Chen, X. Energy and environmental systems planning under uncertainty—An inexact fuzzy – stochastic programming approach ［J］. Applied Energy, 2010, 87 (10): 3189 – 3211.

［90］Li, Y. P. , Huang, G. H. Electric – power systems planning and greenhouse – gas emission management under uncertainty ［J］. Energy Conversion and Management, 2012 (57): 173 – 182.

［91］Li, Y. P. , Huang, G. H. , Chen, X. , Cheng, S. Y. Interval – parameter robust minimax – regret programming and its application to energy and environmental systems planning ［J］. Energy Sources, Part B: Economics, Planning, and Policy, 2009, 4 (3): 278 – 294.

［92］Li, Y. P. , Huang, G. H. , Huang, Y. F. , Zhou, H. D. A multistage fuzzy – stochastic programming model for supporting sustainable water – resources allocation and management ［J］. Environmental Modelling & Software, 2009, 24 (7): 786 – 797.

［93］Li, Y. P. , Huang, G. H. , Nie, S. L. An interval – parameter multi – stage stochastic programming model for water resources management under uncertainty ［J］. Advances in Water Resources, 2006, 29 (5): 776 – 789.

［94］Li, Y. P. , Huang, G. H. , Nie, S. L. , Nie, X. H. , Maqsood, I. An interval – parameter two – stage stochastic integer programming model for environmental systems planning under uncertainty ［J］. Engineering Optimization, 2006, 38 (4): 461 – 483.

［95］Li, Y. P. , Huang, G. H. , Nie, S. L. , Qin, X. S. ITCLP: An inexact two – stage chance – constrained program for planning waste management systems [J]. Resources, Conservation and Recycling, 2007, 49 (3): 284 – 307.

[96] Li, Y. Z. , Wu, Q. H. , Li, M. S. , Zhan, J. P. Mean – variance model for power system economic dispatch with wind power integrated [J]. Energy, 2014, 72 (7): 510 – 520.

[97] Liao, C. P. , Jochem, E. , Zhang, Y. , Farid, N. R. Wind power development and policies in China [J]. Renewable Energy, 2010, 35 (9): 1879 – 1886.

[98] Lin, Q. G, Huang, G. H. IPEM: An interval – parameter energy systems planning model [J]. Energy Sources, Part A, 2008, 30 (14 – 15): 1382 – 1399.

[99] Lin, Q. G. , Huang, G. H. , Bass, B. , Huang, Y. F. , Zhang, X. D. DESPU: Dynamic optimization for energy systems planning under uncertainty [J]. Energy Sources Part B Economics Planning & Policy, 2011, 6 (4): 321 – 338.

[100] Lin, Q. G. , Huang, G. H. , Bass, B. , Qin, X. S. IFTEM: An interval – fuzzy two – stage stochastic optimization model for regional energy systems planning under uncertainty [J]. Energy Policy, 2009, 37 (3): 868 – 878.

[101] Liu, L. Q. , Liu, C. X. , Sun, Z. Y. , Han, R. C. The development and application practice of neglected tidal energy in China [J]. Renewable & Sustainable Energy Reviews, 2011, 15 (2): 1089 – 1097.

[102] Liu, L. W. , Zong, H. J. , Zhao, E. D. , Chen, C. X. , Wang, J. Z. Can China realize its carbon emission reduction goal in 2020: From the perspective of thermal power development [J]. Applied Energy, 2014, 124 (3): 199 – 212.

[103] Liu, Y. , Huang, G. H. , Cai, Y. P. , Cheng, G. H. , Niu,

Y. T. , An, K. Development of an inexact optimization model for coupled coal and power management in North China [J]. Energy Policy, 2009, 37 (11): 4345 – 4363.

[104] Liu, Y. Q. , Kokko, A. Wind power in China: Policy and development challenges [J]. Energy Policy, 2010, 38 (10): 5520 – 5529.

[105] Liu, Z. , Huang, G. H. , Li, W. An inexact stochastic – fuzzy jointed chance – constrained programming for regional energy system management under uncertainty [J]. Engineering Optimization, 2015, 47 (6): 788 – 804.

[106] Loucks, D. P. , Stedinger, J. R. , Haith, D. A. Water resource systems planning and analysis [M]. Prentice – Hall, 1981.

[107] Madu, I. A. The impacts of anthropogenic factors on the environment in Nigeria [J]. Journal of Environmental Management, 2009, 90 (3): 1422 – 1426.

[108] Maqsood, I. , Huang, G. H. A two – stage interval – stochastic programming model for waste management under uncertainty [J]. Journal of the Air & Waste Management Association, 2003, 53 (5): 540 – 552.

[109] Marquaridt, D. W. Generalized inverses, ridge regression, biased linear estimation, and nonlinear estimation [J]. Technometrics, 1970, 12 (3): 591 – 612.

[110] Mavrotas, G. , Demertzis, H. , Meintani, A. , Diakoulaki, D. Energy planning in buildings under uncertainty in fuel costs: The case of a hotel unit in Greece [J]. Energy Conversion and Management, 2003, 44 (8): 1303 – 1321.

[111] Mavrotas, G. , Diakoulaki, D. , Florios, K. , Georgiou, P. A mathematical programming framework for energy planning in services' sector buildings under uncertainty in load demand: The case of a hospital in Athens [J]. Energy Policy, 2008, 36 (7): 2415 – 2429.

[112] Mavrotas, G. , Diakoulaki, D. , Papayannakis, L. An energy plan-

ning approach based on mixed 0 – 1 multiple objective linear programming [J]. International Transactions in Operational Research, 1999, 6 (2): 231 –244.

[113] Mehleri, E. D. , Sarimveis, H. , Markatos, N. C. , Papageor-giou, L. G. A mathematical programming approach for optimal design of distribu-ted energy systems at the neighbourhood level [J]. Energy, 2012, 44 (1): 96 – 104.

[114] Meng, M. , Niu, D. , Wei, S. A small – sample hybrid model for forecasting energy – related CO_2 emissions [J]. Energy, 2014, 64 (1): 673 – 677.

[115] Milan, C. , Bojesen, C. , Nielsen, M. P. A cost optimization model for 100% renewable residential energy supply systems [J]. Energy, 2012, 48 (1): 118 – 127.

[116] Mitchell, K. , Nagrial, M. , Rizk, J. Simulation and optimisation of renewable energy systems [J]. International Journal of Electrical Power & En-ergy Systems, 2005, 27 (3): 177 – 188.

[117] Mo, B. , Hegge, J. , Wangensteen, I. Stochastic generation ex-pansion planning by means of stochastic dynamic programming [J]. Power Sys-tems IEEE Transactions on, 1991, 6 (2): 662 – 668.

[118] Morais, H. , Kadar, P. , Faria, P. , Vale, Z. A. , Khodr, H. Optimal scheduling of a renewable micro – grid in an isolated load area using mixed – integer linear programming [J]. Renewable Energy, 2010, 35 (1): 151 – 156.

[119] Muehlich, P. , Hamacher, T. Global transportation scenarios in the multi – regional EFDA – TIMES energy model [J]. Fusion Engineering and De-sign, 2009, 84 (7 – 11): 1361 – 1366.

[120] Muela, E. , Schweickardt, G. , Garces, F. Fuzzy possibilistic model for medium – term power generation planning with environmental criteria [J]. Energy Policy, 2007, 35 (11): 5643 – 5655.

［121］ Nie, X. H. , Huang, G. H. , Li, Y. P. , Liu, L. Interval fuzzy robust dynamic programming for nonrenewable energy resources management with chance constraints ［J］. Energy Sources Part B Economics Planning & Policy, 2014, 9 (4): 425 –441.

［122］ Nolde, K. , Uhr, M. , Morari, M. Medium term scheduling of a hydro – thermal system using stochastic model predictive control ［J］. Automatica, 2008, 44 (6): 1585 –1594.

［123］ Ochoa, L. F. , Padilha – Feltrin, A. , Harrison, G. P. Time – series – based maximization of distributed wind power generation integration ［J］. Energy Conversion IEEE Transactions on, 2008, 23 (3): 968 –974.

［124］ Oliveira, C. , Antunes, C. H. A multiple objective model to deal with economy – energy – environment interactions ［J］. European Journal of Operational Research, 2004, 153 (2): 370 –385.

［125］ Omu, A. , Choudhary, R. , Boies, A. Distributed energy resource system optimisation using mixed integer linear programming ［J］. Energy Policy, 2013 (61): 249 –266.

［126］ Pao, H. T. , Tsai, C. M. Modeling and forecasting the CO_2 emissions, energy consumption, and economic growth in Brazil ［J］. Energy, 2011, 36 (5): 2450 –2458.

［127］ Park, Y. M. , Park, J. B. , Won, J. R. A hybrid genetic algorithm/dynamic programming approach to optimal long – term generation expansion planning ［J］. International Journal of Electrical Power & Energy Systems, 1998, 20 (4): 295 –303.

［128］ Pereira, M. V. F. , Pinto, L. M. V. G. Multi – stage stochastic optimization applied to energy planning ［J］. Mathematical Programming, 1991, 52 (1): 359 –375.

［129］ Pérez – Guerrero, R. , Heydt, G. T. , Jack, N. J. , Keel, B. K. , Castelhano, A. R. Optimal restoration of distribution systems using dynamic programming [J]. IEEE Transactions on Power Delivery, 2008, 23 (3): 1589 – 1596.

[130] Pérez – Navarro, A., Alfonso, D., Alvarez, C., Ibanez, F., Sanchez, C., Segura, I. Hybrid biomass – wind power plant for reliable energy generation [J]. Renewable Energy, 2010, 35 (7): 1436 – 1443.

[131] Qdais, H. A., Hamoda, M. F., Newham, J. Analysis of residential solid waste at generation sites [J]. Waste Management & Research, 1997, 15 (4): 395 – 405.

[132] Rafaj, P., Kypreos, S. Internalisation of external cost in the power generation sector: Analysis with Global Multi – regional MARKAL model [J]. Energy Policy, 2007, 35 (2): 828 – 843.

[133] Reddy, V. S., Kaushik, S. C., Panwar, N. L. Review on power generation scenario of India [J]. Renewable & Sustainable Energy Reviews, 2013 (18): 43 – 48.

[134] Robalino – López, A., Mena – Nieto, García – Ramos, J. E., Golpe, A. A. Studying the relationship between economic growth, CO_2 emissions, and the environmental Kuznets curve in Venezuela (1980 – 2025) [J]. Renewable and Sustainable Energy Reviews, 2015 (41): 602 – 614.

[135] Roinioti, A., Koroneos, C., Wangensteen, I. Modeling the Greek energy system: Scenarios of clean energy use and their implications [J]. Energy Policy, 2012 (50): 711 – 722.

[136] Rong, A., Hakonen, H., Lahdelma, R. A variant of the dynamic programming algorithm for unit commitment of combined heat and power systems [J]. European Journal of Operational Research, 2008, 190 (3): 741 – 755.

[137] Rose, A., Benavides, J., Lim, D., Frias, O. Global warming policy, energy, and the Chinese economy [J]. Resource and Energy Economics, 1996, 18 (1): 31 – 63.

[138] Roubens, M., Teghem, J. Comparison of methodologies for fuzzy and stochastic multi – objective programming [J]. Fuzzy Sets and Systems, 1991, 42 (1): 119 – 132.

[139] Rueda – Medina, A. C., Franco, J. F., Rider, M. J., Padilha – Feltrin, A., Romero, R. A mixed – integer linear programming approach for optimal type, size and allocation of distributed generation in radial distribution systems [J]. Electric Power Systems Research, 2013 (97): 133 – 143.

[140] Sadeghi, M., Hosseini, H. M. Energy supply planning in Iran by using fuzzy linear programming approach (regarding uncertainties of investment costs) [J]. Energy Policy, 2006, 34 (9): 993 – 1003.

[141] Saidi, K., Mbarek, M. B. Nuclear energy, renewable energy, CO_2 emissions, and economic growth for nine developed countries: Evidence from panel Granger causality tests [J]. Progress in Nuclear Energy, 2016 (88): 364 – 374.

[142] Salahuddin, M., Alam, K., Ozturk, I. The effects of Internet usage and economic growth on CO_2 emissions in OECD countries: A panel investigation [J]. Renewable and Sustainable Energy Reviews, 2016 (62): 1226 – 1235.

[143] Selden, T. M., Song, D. Environmental quality and development: Is there a Kuznets curve for air pollution emissions? [J]. Journal of Environmental Economics and Management, 1994, 27 (2): 147 – 162.

[144] Seljom, P., Rosenberg, E., Fidje, A., Haugen, J. E., Meir, M., Rekstad, J., Jarlset, T. Modelling the effects of climate change on the energy system—A case study of Norway [J]. Energy Policy, 2011, 39 (11): 7310 – 7321.

[145] Shafik, N., Bandyopadhyay, S. Economic growth and environmental quality: Time – series and cross – country evidence [M]. World Bank Publications, 1992.

[146] Singh, S. , Singh, I. , Singh, S. , Pannu, C. Energy planning of a Punjab village using multiple objectives compromise programming [J]. Energy Conversion and Management, 1996, 37 (3): 329 – 342.

[147] Sinha, A. , Dudhani, S. A linear programming model of integrated renewable energy system for sustainable development. Energy technologies for sustainable development. Uttar Pradesh [M]. India: Prime Publishing House, 2003.

[148] Spangardt, G. , Lucht, M. , Handschin, E. Applications for stochastic optimization in the power industry [J]. Electrical Engineering, 2006, 88 (3): 177 – 182.

[149] Stoyan, S. J. , Dessouky, M. M. A stochastic mixed – integer programming approach to the energy – technology management problem [J]. Computers & Industrial Engineering, 2012, 63 (3): 594 – 606.

[150] Sugihara, H. , Komoto, J. , Tsuji, K. A multi – objective optimization model for determining urban energy systems under integrated energy service in a specific area [J]. Electrical Engineering in Japan, 2004, 147 (3): 20 – 31.

[151] Sumabat, A. K. , Lopez, N. S. , Yu, K. D. , Hao, H. , Li, R. , Geng, Y. , Chiu, A. S. F. Decomposition analysis of Philippine CO_2 emissions from fuel combustion and electricity generation [J]. Applied Energy, 2016 (164): 795 – 804.

[152] Świerczyński, M. , Teodorescu, R. , Rasmussen, C. N. , Rodriguez, P. Overview of the energy storage systems for wind power integration enhancement [C] . IEEE International Symposium on Industrial Electronics, 2010.

[153] Takriti, S. , Birge, J. R. , Long, E. A stochastic model for the unit commitment problem [J]. IEEE Transactions on Power Systems, 1996, 11 (3): 1497 – 1508.

[154] Tan, X. , Dong, L. , Chen, D. , Gu, B. , Zeng, Y. China's regional CO_2 emissions reduction potential: A study of Chongqing city [J]. Ap-

plied Energy, 2016 (162): 1345 – 1354.

[155] Tan, Z., Ngan, H. W., Wu, Y., Zhang, H., Song, Y., Yu, C. Potential and policy issues for sustainable development of wind power in China [J]. Journal of Modern Power Systems and Clean Energy, 2013, 1 (3): 204 – 215.

[156] Trianni, A., Cagno, E., De Donatis, A. A framework to characterize energy efficiency measures [J]. Applied Energy, 2014 (118): 207 – 220.

[157] Ugranlü, F., Karatepe, E. Multi – objective transmission expansion planning considering minimization of curtailed wind energy [J]. International Journal of Electrical Power & Energy Systems, 2015, 65 (4): 348 – 356.

[158] Vaillancourt, K., Labriet, M., Loulou, R., Waaub, J. P. The role of nuclear energy in long – term climate scenarios: An analysis with the World – TIMES model [J]. Energy Policy, 2008, 36 (7): 2296 – 2307.

[159] Victor, N., Nichols, C., Balash, P. The impacts of shale gas supply and climate policies on energy security: The U. S. energy system analysis based on MARKAL model [J]. Energy Strategy Reviews, 2014 (5): 26 – 41.

[160] Wallace, S. W., Fleten, S. E. Stochastic programming models in energy [J]. Handbooks in operations research and management science, 2003 (10): 637 – 677.

[161] Wang, J., Yang, Y., Sui, J., Jin, H. Multi – objective energy planning for regional natural gas distributed energy: A case study [J]. Journal of Natural Gas Science & Engineering, 2016 (28): 418 – 433.

[162] Wang, M., Yue, C., Kai, Y., Min, W., Xiong, L., Huang, Y. A local – scale low – carbon plan based on the STIRPAT model and the scenario method: The case of Minhang District, Shanghai, China [J]. Energy Policy, 2011, 39 (11): 6981 – 6990.

[163] Wang, S. Y., Yu, J. L. Optimal sizing of the CAES system in a power system with high wind power penetration [J]. International Journal of Elec-

trical Power & Energy Systems, 2012, 37 (37): 117 – 125.

[164] Wang, Y. N., Zhao, T. Impacts of energy – related CO_2 emissions: Evidence from under developed, developing and highly developed regions in China [J]. Ecological Indicators, 2014 (50): 186 – 195.

[165] Watanabe, T., Ellis, H. A joint chance – constrained programming model with row dependence [J]. European Journal of Operational Research, 1994, 77 (2): 325 – 343.

[166] Weber, C., Meibom, P., Barth, R., Brand, H. WILMAR: A stochastic programming tool to analyze the large – scale integration of wind energy [M]. Springer, 2009.

[167] Wouters, C., Fraga, E. S., James, A. M. An energy integrated, multi – microgrid, MILP (mixed – integer linear programming) approach for residential distributed energy system planning – A South Australian case – study [J]. Energy, 2015 (85): 30 – 44.

[168] Wright, E. L., Belt, J. B., Chambers, A., Delaquil, P., Goldstein, G. A scenario analysis of investment options for the Cuban power sector using the MARKAL model [J]. Energy Policy, 2010, 38 (7): 3342 – 3355.

[169] Xie, Y. L., Huang, G. H., Li, W., Ji, L. Carbon and air pollutants constrained energy planning for clean power generation with a robust optimization model – A case study of Jining city, China [J]. Applied Energy, 2014 (136): 150 – 167.

[170] Xie, Y. L., Li, Y. P., Huang, G. H., Li, Y. F. An interval fixed – mix stochastic programming method for greenhouse gas mitigation in energy systems under uncertainty [J]. Energy, 2010, 35 (12): 4627 – 4644.

[171] Xu, J., Wu, D. D., Dong, R. Sustainable development and planning of coal industry under uncertainty using system dynamic and stochastic programming [J]. International Journal of Environment & Pollution, 2010, 42

(4): 371 –387.

[172] Xydis, G. A wind energy integration analysis using wind resource assessment as a decision tool for promoting sustainable energy utilization in agriculture [J]. Journal of Cleaner Production, 2013 (96): 476 –485.

[173] Yahoo, M. , Othman, J. Employing a CGE model in analysing the environmental and economy – wide impacts of CO_2 emission abatement policies in Malaysia [J]. Science of The Total Environment, 2017 (584): 234 –243.

[174] Yang, H. T. , Chen, S. L. Incorporating a multi – criteria decision procedure into the combined dynamic programming/production simulation algorithm for generation expansion planning [J]. IEEE Transactions on Power Systems, 1989, 4 (1): 165 –175.

[175] Yeomans, J. , Huang, G. , Yoogalingam, R. Combining simulation with evolutionary algorithms for optimal planning under uncertainty: An application to municipal solid waste management planning in the regional municipality of Hamilton – Wentworth [J]. Journal of Environmental Informatics, 2003, 2 (1): 11 –30.

[176] York, R. , Rosa, E. A. , Dietz, T. STIRPAT, IPAT and ImPACT: Analytic tools for unpacking the driving forces of environmental impacts [J]. Ecological Economics, 2003, 46 (3): 351 –365.

[177] Yuan, X. L. , Zuo, J. , Huisingh, D. Social acceptance of wind power: A case study of Shandong province, China [J]. Journal of Cleaner Production, 2015 (92): 168 –178.

[178] Zakariazadeh, A. , Jadid, S. , Siano, P. Economic – environmental energy and reserve scheduling of smart distribution systems: A multiobjective mathematical programming approach [J]. Energy Conversion and Management, 2014 (78): 151 –164.

[179] Zare, Y. , Daneshmand, A. A linear approximation method for solving a special class of the chance constrained programming problem [J]. Europe-

an Journal of Operational Research, 1995, 80 (1): 213 –225.

[180] Zha, H., Huang, Y. H., Li, P., Ma, S. Day – Ahead Power Grid Optimal Dispatching Strategy Coordinating Wind Power [C]. Power and Energy Engineering Conference, 2011.

[181] Zhao, F., Li, Y., Huang, G. A queue – based interval – fuzzy programming approach for electric – power systems planning [J]. International Journal of Electrical Power & Energy Systems, 2013 (47): 337 –350.

[182] Zhao, H. H., Gao, Q., Wu, Y. P., Wang, Y., Zhu, X. D. What affects green consumer behavior in China? A case study from Qingdao [J]. Journal of Cleaner Production, 2014, 63 (2): 143 –151.

[183] Zhao, X., Du, D. Forecasting carbon dioxide emissions [J]. Journal of Environmental Management, 2015 (160): 39 –44.

[184] Zhao, X. G., Tan, Z. F., Liu, P. K. Development goal of 30 GW for China's biomass power generation: Will it be achieved? [J]. Renewable & Sustainable Energy Reviews, 2013 (25): 310 –317.

[185] Zhao, X. L., Zhang, S. F., Yang, R., Wang, M. Constraints on the effective utilization of wind power in China: An illustration from the northeast China grid [J]. Renewable & Sustainable Energy Reviews, 2012, 16 (7): 4508 –4514.

[186] Zhao, Y., Xing, W., Lu, W., Zhang, X., Christensen, T. H. Environmental impact assessment of the incineration of municipal solid waste with auxiliary coal in China [J]. Waste Management, 2012, 32 (10): 1989 – 1998.

[187] Zhao, Z. Y., Li, Z. W., Xia, B. The impact of the CDM (clean development mechanism) on the cost price of wind power electricity: A China study [J]. Energy, 2014, 69 (5): 179 –185.

[188] Zhao, Z. Y., Yan, H. Assessment of the biomass power generation industry in China [J]. Renewable Energy, 2012, 37 (1): 53 –60.

[189] Zhang, C. G. , Lin, Y. Panel estimation for urbanization, energy consumption and CO_2 emissions: A regional analysis in China [J]. Energy Policy, 2012 (49): 488 – 498.

[190] Zhang, N. , Hu, Z. , Han, X. , Zhang, J. , Zhou, Y. A fuzzy chance – constrained program for unit commitment problem considering demand response, electric vehicle and wind power [J]. International Journal of Electrical Power & Energy Systems, 2015 (65): 201 – 209.

[191] Zhang, S. F. , Li, X. M. Large scale wind power integration in China: Analysis from a policy perspective [J]. Renewable & Sustainable Energy Reviews, 2012, 16 (2): 1110 – 1115.

[192] Zhang, T. Strategy of city development in low – carbon economic mode—A case study on Qingdao [J]. Energy Procedia, 2011, 5 (1): 926 – 932.

[193] Zhou, Y. , Li, Y. P. , Huang, G. H. Integrated modeling approach for sustainable municipal energy system planning and management—A case study of Shenzhen, China [J]. Journal of Cleaner Production, 2014, 75 (14): 143 – 156.

[194] Zhou, Z. , Zhang, J. , Liu, P. , Li, Z. , Georgiadis, M. C. , Pistikopoulos, E. N. A two – stage stochastic programming model for the optimal design of distributed energy systems [J]. Applied Energy, 2013, 103 (1): 135 – 144.

[195] Zhu, H. , Huang, W. W. , Huang, G. H. Planning of regional energy systems: An inexact mixed – integer fractional programming model [J]. Applied Energy, 2014, 113 (6): 500 – 514.

[196] Zhu, Y. , Huang, G. H. , Li, Y. P. , He, L. , Zhang, X. X. An interval full – infinite mixed – integer programming method for planning municipal energy systems – a case study of Beijing [J]. Applied Energy, 2011, 88 (8): 2846 – 2862.

［197］Zimmermann，H. J. Fuzzy set theory - and its applications［M］. Springer Science & Business Media，2001.

［198］Zou，K.，Agalgaonkar，A. P.，Muttaqi，K. M.，Perera，S. Multi - objective optimisation for distribution system planning with renewable energy resources［C］. Energy Conference and Exhibition，2010.

［199］边丽，薛太林. 基于动态规划的分布式电源优化配置［J］. 电力学报，2013，28（1）：28 - 31.

［200］曹明飞. 能源与环境系统规划的不确定性及风险分析［D］. 华北电力大学（北京），2011.

［201］柴麒敏，徐华清. 基于 IAMC 模型的中国碳排放峰值目标实现路径研究［J］. 中国人口·资源与环境，2015，25（6）：37 - 46.

［202］陈荣，张希良，何建坤，岳立. 基于 MESSAGE 模型的省级可再生能源规划方法［J］. 清华大学学报（自然科学版），2008，48（9）：1525 - 1528.

［203］陈文颖，高鹏飞，何建坤. 用 MARKAL - MACRO 模型研究碳减排对中国能源系统的影响［J］. 清华大学学报（自然科学版），2004，44（3）：342 - 346.

［204］陈艳菊. 2 - 型模糊环境下的能源系统优化［J］. 模糊系统与数学，2012，26（1）：107 - 114.

［205］赤峰市统计局. 赤峰市 2012 年国民经济和社会发展统计公报［EB/OL］. 2013［2017 - 03 - 27］. http：//tjj. chifeng. gov. cn/tjgb/jjsh/2013 - 04 - 01 - 12120. html.

［206］戴晨翔，胡国强，马拥军，刘太华. 水火混合电力系统短期多目标发电计划优化研究［J］. 电气应用，2008，26（12）：31 - 35.

［207］董聪，李薇，李延峰，解玉磊，崔林. 生物质发电厂规划选址模型的建立及应用［J］. 太阳能学报，2012，33（10）：1732 - 1737.

［208］杜强，陈乔，陆宁. 基于改进 IPAT 模型的中国未来碳排放预测［J］. 环境科学学报，2012，32（9）：2294 - 2302.

［209］杜维鲁．城市生活垃圾焚烧电厂主要大气污染物产排污系数研究［D］．南京信息工程大学，2009.

［210］冯宗宪，王安静．陕西省碳排放因素分解与碳峰值预测研究［J］．西南民族大学学报（人文社会科学版），2016，37（8）：112－119.

［211］高虎，梁志鹏，庄幸．LEAP 模型在可再生能源规划中的应用［J］．中国能源，2004，26（10）：34－37.

［212］高新宇．北京市可再生能源综合规划模型与政策研究［D］．北京工业大学，2011.

［213］顾伟，陆帅，王珺，尹香，张成龙，王志贺．多区域综合能源系统热网建模及系统运行优化［J］．中国电机工程学报，2017，37（5）：1305－1315.

［214］国家能源局．国家能源局关于做好 2013 年风电并网和消纳相关工作的通知［EB/OL］．2013［2017－03－25］．http：//zfxxgk．nea．gov．cn/auto87/201303/t20130319_ 1587．htm.

［215］国家能源局．国家能源局综合司关于做好风电清洁供暖工作的通知［EB/OL］．2013［2017－03－25］．http：//zfxxgk．nea．gov．cn/auto87/201303/t20130322_ 1599．htm.

［216］郭建科．G7 国家和中国碳排放演变及中国峰值预测［J］．中外能源，2015，20（2）：1－6.

［217］郭炜煜，李超慈．基于区间—机会约束的区域电力一体化环境协同治理不确定优化模型研究［J］．华北电力大学学报（自然科学版），2016，43（3）：102－110.

［218］郭志玲．甘肃省碳排放峰值预测与应对策略研究［D］．兰州大学，2015.

［219］郝晴．基于区间规划的能源系统模型研究［D］．华北电力大学（北京），2015.

［220］何发武．基于模糊线性规划的电力系统经济负荷分配算法［J］．电力科学与工程，2007，23（3）：13－16.

［221］胡铁松，袁鹏，万永华，冯尚友．电源规划的双目标动态规划模型［J］.水电能源科学，1994（2）：91－99.

［222］胡吟．含分布式发电的配电网随机规划［D］.上海电力学院，2012.

［223］胡永强，刘晨亮，赵书强，王明雨．基于模糊相关机会规划的储能优化控制［J］.电力系统自动化，2014（6）：20－25.

［224］环境保护部．2015年中国环境状况公报［EB/OL］.2016［2017－03－20］.http：//www.mee.gov.cn/gkml/sthjbgw/qt/201606/t20160602_353138.htm.

［225］吉兴全，王成山．计入需求弹性的输电网动态规划方法［J］.中国电机工程学报，2002，22（11）：23－27.

［226］蒋一鎏，卫春峰．基于动态规划的微电网动态经济调度［J］.电气应用，2016（22）：67－72.

［227］焦系泽，阳小丹，李扬．基于改进型动态规划的家庭综合能源优化研究［C］.中国高等学校电力系统及其自动化专业学术年会，2014.

［228］李彩，黄国和，蔡宴朋．能源供需优化模型在北京市能源系统的应用［J］.能源工程，2009（4）：1－5.

［229］李萌文．不确定性优化方法在能源系统碳减排规划中的应用［D］.华北电力大学，2012.

［230］李强强．基于多目标动态投入产出优化模型的能源系统研究［D］.华中科技大学，2009.

［231］栗然，申雪，钟超，杨天．考虑环境效益的分布式电源多目标规划［J］.电网技术，2014，38（6）：1471－1478.

［232］李心市．油田开发模糊目标规划模型及求解［J］.科技资讯，2008（7）：229－230.

［233］李延峰．不确定优化方法在能源规划中的应用［D］.华北电力大学（北京），2009.

［234］李毅，金巧，冯波．考虑源荷协调优化的交直流混合微网随机

规划方法研究[J].电网与清洁能源，2016，32（4）：79－84.

[235] 联合国政府间气候变化专业委员会.2006 年 IPCC 国家温室气体清单指南［EB/OL］.2006［2017－03－28］.https：//www.ipcc－ng-gip.iges.or.jp/public/2006gl/chinese/.

[236] 梁浩，龙惟定.城市能源系统综合规划模型的研究与应用[J].山东建筑大学学报，2010，25（5）：524－528.

[237] 梁宇希，黄国和，林千果，张晓萱，牛彦涛.基于不确定条件下的北京电源规划优化模型[J].电力系统保护与控制，2010，38（15）：53－59.

[238] 林巾琳.基于二阶段随机规划的风—水—火动态经济调度策略［D].广西大学，2014.

[239] 林晓梅.基于长期能源可替代规划系统（LEAP）模型的江苏省能源需求预测及温室气体减排研究[D].南京大学，2009.

[240] 刘明浩.基于节能潜力的区域能源规划模型研究及应用［D].华北电力大学（保定），2014.

[241] 刘树林，肖燕.确定性动态规划求解发电优化的局限性分析［J].华电技术，2013，35（3）：35－37.

[242] 刘书惟.基于环境约束的不确定性能源系统规划［D].华北电力大学，2014.

[243] 刘烨，黄国和，徐毅，李薇.促进煤电产业协调发展的区域煤电一体化优化模型研究［J].华东电力，2012（5）：728－733.

[244] 陆悠悠.山东省能源经济环境系统模糊规划研究［D].中国石油大学（华东），2014.

[245] 马少寅，刘晓立，薛松，曾鸣.考虑能源可持续发展的电力系统多目标扩展规划[J].华东电力，2013，41（9）：1945－1950.

[246] 莫傲然.基于主成分分析的北京市能源供应链动态优化［D].华北电力大学，2013.

[247] 内蒙古自治区统计局.2013 年内蒙古统计年鉴［EB/OL］.2014

［2017 - 03 - 27］．http：//tj. nmg. gov. cn/Files/tjnj/2013/indexch. htm.

　　［248］牛东晓，马天男，黄雅莉，刘冰旖．基于 Godlike 算法的海岛型分布式电源规划模型［J］．电力建设，2016，37（9）：132 - 139.

　　［249］牛彦涛．不确定城市能源系统规划模型及应用［D］．华北电力大学（北京），2011.

　　［250］彭虎，郭钰锋，王松岩，于继来．风电场风速分布特性的模式分析［J］．电网技术，2010，34（9）：206 - 210.

　　［251］朴明军．耦合随机模拟优化的电力系统规划［D］．华北电力大学，2015.

　　［252］秦磊，孙曼，李松，朱鑫，王刚．基于混合智能算法考虑时序性的风光电源多目标规划［J］．可再生能源，2015，33（6）：843 - 850.

　　［253］青岛市发展和改革委员会．青岛市城市总体规划（2011 - 2020）［EB/OL］．2011［2017 - 03 - 28］．http://www. qingdao. gov. cn/n172/ n68422/n68424/n31280703/n31280704/160512134237282484. html.

　　［254］青岛市发展和改革委员会．青岛市低碳发展规划（2014 - 2020）［EB/OL］．2014［2017 - 03 - 28］．http：//www. qingdao. gov. cn/n172/n68422/n68424/n30259215/n30259219/140924163931863706. html.

　　［255］青岛市发展和改革委员会．青岛市十大新兴产业发展总体规划（2014 - 2020）［EB/OL］．2014［2017 - 03 - 28］．https：//fwqd. qdu. edu. cn/info/1044/1159. htm.

　　［256］青岛市发展和改革委员会．青岛市"十二五"节能规划［EB/OL］．2012［2017 - 03 - 28］．http：//www. qingdao. gov. cn/n172/n246241 51/n24625135/n24633888/n24634070/120921111701161342. html.

　　［257］青岛市人民政府．青岛市大气污染综合防治规划纲要（2013 - 2016）［EB/OL］．2013［2017 - 03 - 28］．http：//www. qingdao. gov. cn/n172/n68422/n1527/n29050342/130719153508143343. html.

　　［258］青岛市人民政府．青岛市清洁能源供热专项规划（2014 - 2020）［EB/OL］．2014［2017 - 03 - 28］．http：//www. qingdao. gov. cn/

n172/n68422/n1527/n31284293/181206150900318120. html.

[259] 青岛市人民政府. 青岛市"十二五"规划[EB/OL]. 2011
[2017 - 03 - 28]. http://www. qingdao. gov. cn/n172/n68422/n68424/n1618
5733/110510154259110510. html.

[260] 青岛市人民政府. 青岛市"十三五"规划[EB/OL]. 2016
[2017 - 03 - 28]. http://www. qingdao. gov. cn/n172/n68422/n68424/n312
80703/n31280704/160425114635906756. html.

[261] 青岛市人民政府. 青岛市新能源汽车产业发展规划（2014 -
2020）[EB/OL]. 2015 [2017 - 03 - 28]. http://www. qingdao. gov. cn/
n172/n68422/n68424/n31280468/n31280472/150116163726924477. html.

[262] 青岛市统计局. 2014 年青岛市统计公报[EB/OL]. 2015 [2017 -
03 - 28]. http://qdtj. qingdao. gov. cn/n28356045/n32561056/n32561072/18032
4165618318010. html.

[263] 青岛市统计局. 2014 年青岛统计年鉴[EB/OL]. 2015 [2017 - 03 -
28]. http://qdtj. qingdao. gov. cn/n28356045/n32561056/n32561073/ n32561274/
index. html.

[264] 青岛市统计局. 2015 年青岛市统计公报[EB/OL]. 2016
[2017 - 03 - 28]. http://qdtj. qingdao. gov. cn/n28356045/n32561056/n32
561072/180324165615688854. html.

[265] 青岛市统计局. 2015 年青岛统计年鉴[EB/OL]. 2016 [2017 - 03 -
28]. http://qdtj. qingdao. gov. cn/n28356045/n32561056/n32561073/n32561275/
index. html.

[266] 邱维. 基于逐次逼近混合整数线性规划的水电系统短期优化调度
[D]. 华中科技大学，2014.

[267] 任洪波，吴琼，任建兴，高伟俊. 基于燃料电池、太阳能电池、
蓄电池的住宅分布式能源系统的运行优化[J]. 可再生能源，2014，32（4）：
379 - 384.

[268] 桑海洋. 大唐赤峰公司巴林左旗风力发电供热项目开发的研究

［D］.吉林大学，2013.

　　［269］孙川.微型综合能源系统日前调度模型研究［D］.华南理工大学，2016.

　　［270］孙冬梅，刘刚，刘俊跃.低碳生态城市的建筑能源规划［C］.国际绿色建筑与建筑节能大会，2011.

　　［271］孙朝阳.两阶段随机排队论应用于区域电力能源系统规划［D］.华北电力大学（北京），2016.

　　［272］唐为民，王蓓蓓，施伟.基于模糊动态规划的直接负荷控制策略研究［J］.中国电力，2003，36（8）：24 – 28.

　　［273］佟庆，白泉，刘滨，吕应运.MARKAL 模型在北京中远期能源发展研究中的应用［J］.中国能源，2004，26（6）：36 – 40.

　　［274］王海冰，王承民，张庚午，范明天.考虑条件风险价值的两阶段发电调度随机规划模型和方法［J］.中国电机工程学报，2016，36（24）：6838 – 6848.

　　［275］王珺，顾伟，陆帅，张成龙，王志贺，唐沂媛.结合热网模型的多区域综合能源系统协同规划［J］.电力系统自动化，2016，40（15）：17 – 24.

　　［276］王蕾，李娜，曾鸣.基于动态规划的微网储能系统经济运行决策模型研究［J］.中国电力，2013，46（8）：40 – 42.

　　［277］王林江，邵安.一个地区能源规划模型［J］.内蒙古工业大学学报，1994（1）：8 – 17.

　　［278］王明祥.线性规划模型在分布式能源站生产经营计划中的应用研究［J］.中国电业（技术版），2012（4）：65 – 67.

　　［279］王守相，王栋，韩亮.考虑不确定性的微网日前经济优化调度区间线性规划方法［J］.电力系统自动化，2014，38（24）：5 – 11.

　　［280］王伟涛.基于环境约束的不确定性河南省能源系统规划研究［D］.华北电力大学（北京），2016.

　　［281］王文锋.风电—水电联合调度随机规划模型与方法［D］.广西大

学，2012.

　　[282] 王兴伟. 基于不确定性的区域电力——环境系统规划研究[D]. 华北电力大学（北京），2012.

　　[283] 王艳艳. 基于 3EDSS 平台的低碳化能源体系决策系统的研究 [D]. 华北电力大学（北京），2015.

　　[284] 文旭，颜伟，王俊梅，郭琳，黄森，邱大强. 考虑跨省交易能耗评估的区域节能电力市场与随机规划购电模型[J]. 电网技术，2013，37（2）：500 - 506.

　　[285] 吴聪，唐巍，白牧可，张璐，蔡永翔. 基于能源路由器的用户侧能源互联网规划[J]. 电力系统自动化，2017（4）：20 - 28.

　　[286] 吴刚，魏一鸣. 基于动态规划模型的中国战略石油储备策略研究 [C]. 海峡两岸能源经济学术会议，2009.

　　[287] 吴琼，任洪波，任建兴，高伟俊. 基于用户间融通的分布式能源系统优化模型[J]. 暖通空调，2016，46（2）：41 - 46.

　　[288] 席细平，谢运生，王贺礼，范敏，石金明，罗成龙. 基于 IPAT 模型的江西省碳排放峰值预测研究[J]. 江西科学，2014，32（6）：768 - 772.

　　[289] 杨宁，文福拴. 基于机会约束规划的输电系统规划方法[J]. 电力系统自动化，2004，28（14）：23 - 27.

　　[290] 杨少波. 基于区间规划的含风电电力系统安全优化调度研究 [D]. 华北电力大学，2015.

　　[291] 杨秀，付琳，丁丁. 区域碳排放峰值测算若干问题思考：以北京市为例[J]. 中国人口·资源与环境，2015，25（10）：39 - 44.

　　[292] 叶悦良. 双重不确定性条件下北京能源模型的研究[D]. 华北电力大学（北京），2009.

　　[293] 于佳. 基于随机规划的风蓄联合智能动态经济调度[D]. 华北电力大学（保定），2014.

　　[294] 苑清敏，刘琪，刘俊. 基于系统动力学的城市碳排放及减排潜力分析——以天津市为例[J]. 安全与环境学报，2016（6）：256 - 261.

［295］曾鸣，杜楠，张鲲，周飞．基于多目标静态模糊模型的分布式电源规划［J］．电网技术，2013，37（4）：954－959．

［296］曾鸣，贾卓．考虑可再生能源的电力双边合约交易动态规划方法［J］．电力系统自动化，2011，35（4）：29－34．

［297］曾鸣，盛绪美．北京大气环境与能源综合规划决策模型及其应用［J］．系统工程理论与实践，1991，5：67－72．

［298］张阿玲，郑淮，何建坤．适合中国国情的经济、能源、环境（3E）模型［J］．清华大学学报（自然科学版），2002，42（12）：1616－1620．

［299］张帆，蔡壮，杨明皓．基于随机机会约束规划的农村风/水/光发电容量配置［J］．农业工程学报，2010，26（3）：267－271．

［300］张慧妍，李爽，于家斌，王小艺，许继平．基于模糊整数规划的水质浮标光伏/蓄电池动力源配置优化［J］．农业工程学报，2015，31（19）：183－189．

［301］张旭．基于区域供能的多能源系统模型研究分析［D］．上海交通大学，2015．

［302］张一民．基于多目标规划的协同减排问题研究［D］．山东大学，2014．

［303］张永伍，余贻鑫，严雪飞，罗凤章．基于区间算法和范例学习的配电网网架规划［J］．电力系统自动化，2005，29（17）：40－44．

［304］张占玲．基于存储论的区间随机规划在北京电力系统中的应用研究［D］．华北电力大学（北京），2014．

［305］赵文会，毛璐，王辉，章斌，钟孔露．征收碳税对可再生能源在能源结构中占比的影响——基于CGE模型的分析［J］．可再生能源，2016，34（7）：1086－1095．

［306］赵媛，梁中，袁林旺，管卫华．能源与社会经济环境协调发展的多目标决策——以江苏省为例［J］．地理科学，2001，21（2）：164－169．

［307］郑东昕．不确定性优化方法在福建省能源系统规划中的应用［D］．华北电力大学（北京），2016．

［308］中华人民共和国财政部，中华人民共和国国家发展和改革委员会，国家能源局.关于印发《可再生能源电价附加补助资金管理暂行办法》的通知［EB/OL］.2012［2017－03－27］.http：//www. gov. cn/zwgk/ 2012－04/05/content_ 2107050. htm.

［309］中华人民共和国国家发展和改革委员会.国家发展改革委关于调整可再生能源电价附加标准与环保电价有关事项的通知［EB/OL］.2013［2017－03－27］. http：//www. ndrc. gov. cn/zcfb/zcfbtz/201308/t20130830_ 556008. html.

［310］中华人民共和国国家统计局.2015 年国民经济和社会发展统计公报［EB/OL］.2016［2017－03－20］.http：//www. stats. gov. cn/tjsj/ zxfb/201602/t20160229_ 1323991. html.

［311］钟嘉庆.低碳电源规划不确定性多目标优化及多属性决策研究［D］.燕山大学，2015.

［312］周景宏.能效电厂理论与综合资源战略规划模型研究［D］.华北电力大学（北京），2011.

［313］周鹏飞，耿琎.基于因子分析的沿海可再生能源开发结构优化模型［J］.大连理工大学学报，2016，56（5）：488－495.

［314］周晟吕，胡静，李立峰.崇明岛中长期碳排放预测及其影响因素分析［J］.长江流域资源与环境，2015，24（4）：632－639.

［315］朱小龙，丁帅，朱卫东，彭张林，倪大伟.基于 ε － 约束与区间数线性规划的钢铁供应链能源优化模型［J］.管理工程学报，2016，30（2）：243－250.

［316］朱宇恩，李丽芬，贺思思，李华，王云.基于 IPAT 模型和情景分析法的山西省碳排放峰值年预测［J］.资源科学，2016，38（12）：2316－2325.